[美] W.J.基奥斯　R.I.蒂林　著

王大宏　赵根模　赵国敏　译

赵　明　张彦华　校

活跃的地球
板块构造趣谈

THIS DYNAMIC EARTH:
THE STORY OF PLATE TECTONICS

地震出版社

图书在版编目（CIP）数据

活跃的地球：板块构造趣谈 /（美）基奥斯（Kious,W.J.），（美）蒂林（Tilling,R.I.）著；王大宏，赵根模，赵国敏译 . — 北京：地震出版社，2015.9（2020.7重印）

书名原文：This dynamic earth:the story of plate tectonics

ISBN 978-7-5028-4546-9

Ⅰ.①活… Ⅱ.①基… ②蒂… ③王… ④赵… ⑤赵… Ⅲ.①板块构造—普及读物

Ⅳ.① P541-49

中国版本图书馆 CIP 数据核字（2015）第 002638 号

地震版　XM4712 /P（5238）

著作权合同登记　图字：01-2011-6458 号

活跃的地球——板块构造趣谈

[美] W.J. 基奥斯　R.I. 蒂林　著

王大宏　赵根模　赵国敏　译

赵　明　张彦华　校

责任编辑：樊　钰

责任校对：李　珆

出版发行：**地震出版社**

　　　　　北京市海淀区民族大学南路9号　　　　邮编：100081

　　　　　发行部：68423031　68467993　　　　传真：88421706

　　　　　门市部：68467991　　　　　　　　　传真：68467991

　　　　　总编室：68462709　68423029　　　　传真：68455221

　　　　　http://www.dzpress.com.cn

经销：全国各地新华书店

印刷：永清县晔盛亚胶印有限公司

版（印）次：2015年9月第一版　2020年7月第三次印刷

开本：787×1092　1/16

字数：140千字

印张：8.25

书号：ISBN 978-7-5028-4546-9

定价：58.00元

译者的话

"科学技术是第一生产力"，中国改革开放的总设计师邓小平的这句名言已成为指导我国经济建设的重要原则。地球科学是人类认识自己居住星球的科学。历史证明，人类科学技术的重大发展都是以地球科学的进步和发现为开端的。

本书是美国地质调查局（USGS）向第 31 届国际地质大会推荐的中级科普读物，详细、生动地介绍了地球板块构造理论的缘起、曲折历史及其对人类生存的重要意义。首次披露了许多鲜为人知的重要史实，给人启迪。全书由美国权威地质学家编撰，深入浅出，通俗易懂，图文并茂，是一本难得的好书，适合于广大青少年读者阅读。

东非裂谷带的奥尔德尼奥伦盖活火山，在这里非洲正在被板块构造活动过程拉开

前　言

　　在 1960 年年初，板块构造学说的出现导致地球科学的一场革命。从那时起科学家们检验并完善了这个理论。一种可以更完美地阐释地球的理论已被证实无误。众所周知，板块构造直接或间接地影响了几乎所有的地质过程，无论是在过去抑或是现在都是如此。事实上，地球表面正在不断地移动的思想已经深刻地改变了我们观察世界的方法。地球受到板块构造力量和结果的摆布，在很少或完全没有任何警告的情况下，发生地震或火山喷发，其能量远远超过我们人类所能生产的能量。

　　然而，我们无法控制板块构造过程，我们目前还需要更多地了解板块构造，更好地感受地球的美丽。尽管它偶尔地显露其巨大的能量。

　　本书简要介绍了有关板块构造的理念，补充了 1994 年美国地质调查局和史密森学会出版的《动态行星》一书（见推荐书目）的视图和文字信息。本书高度赞扬了那些为推进板块构造理论作出重要贡献的人们。尽管板块构造理论已经被广泛地接受，但我们仍然面临科学的挑战。板块构造理论引发的地球科学革命尚未完成。

目　录

在地质词汇中，"plate"的意思是一块巨大的坚硬板状岩块；"tectonics"来源于希腊语词根"构造"。把这两个词合到一起，我们就得到一个新词汇"plate tectonics"，该词意指板块是如何构建地球表面的。"板块构造理论"说明地球的最外层是由一些或大或小的板块组成，并且这些板块处于高温、可流动的物质（软流层）之上，它们的相对位置处在变动中。在板块构造理论提出之前，有些人已经认为目前的几个大陆是很久以前就存在的更大的陆地的碎块。图1~图3展示了超级大陆古陆桥（在希腊语中意思是"所有的陆地"）的分裂。这种分裂在"大陆漂移理论"中被提及。

板块构造是一个20世纪60年代初提出的新的科学概念，但这个概念已经更新了我们对自己居住的星球的理解。这一理论将地球科学的一些分支学科联系起来，这些分支学科包括古生物学（对化石的研究）、地震学（对地震的研究）。对于科学家猜测了几个世纪的问题，这个理论给出了解释——例如：为什么地震和火山爆发发生在地球上的一些特定地区？像阿尔卑斯和喜马拉雅这样的山脉是怎么样形成的？

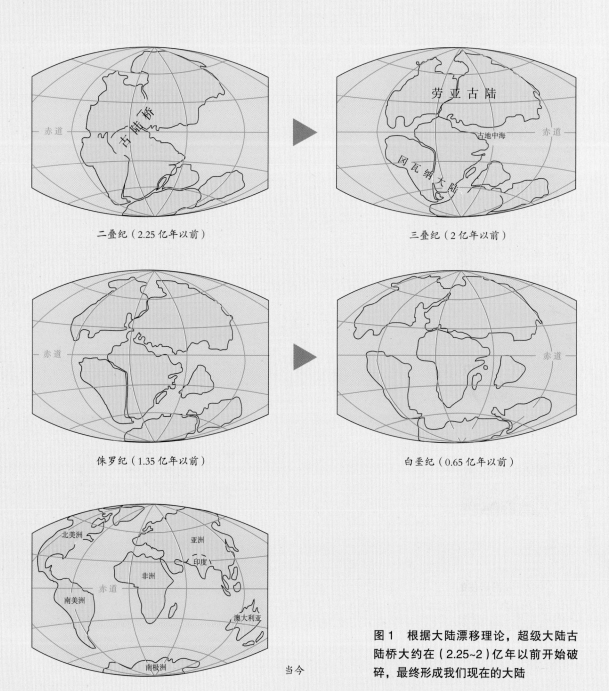

二叠纪（2.25亿年以前）

三叠纪（2亿年以前）

侏罗纪（1.35亿年以前）

白垩纪（0.65亿年以前）

当今

图1　根据大陆漂移理论，超级大陆古陆桥大约在（2.25~2）亿年以前开始破碎，最终形成我们现在的大陆

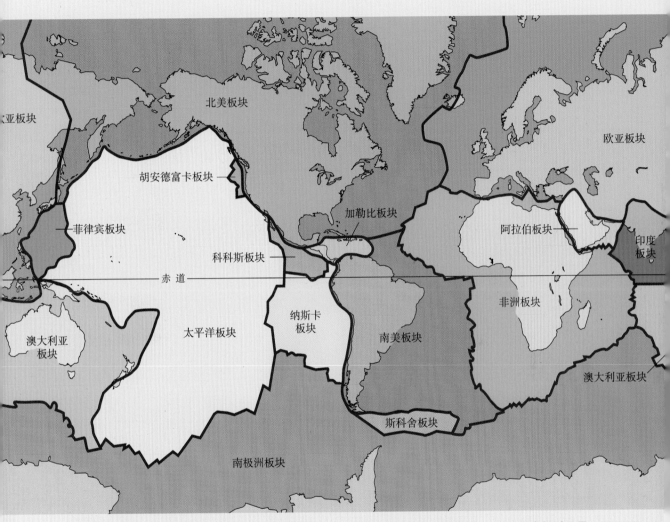

图2 我们居住的地球岩石圈分为十几个刚性板片（地质学家称其为构造板块），它们正在相对于另一
板块运动

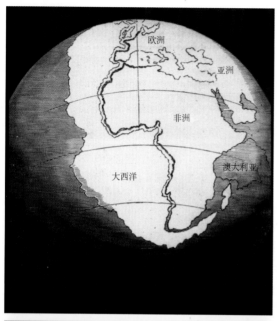

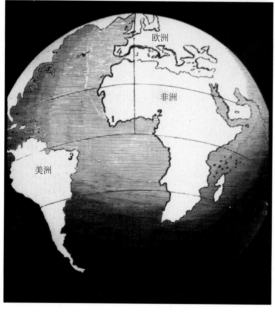

图3　1858年，地理学家安东尼奥·斯奈德·佩莱格里尼（Antonio Snider-Pellegrini）绘制了这两张地图，表明美洲和非洲大陆怎样曾经连在一起而后来分裂开。上图：分离前原本联合的大陆。下图：分离后的大陆（加利福尼亚大学提供）

　　为什么地球如此不稳定？是什么原因导致地球剧烈振动、火山爆发、大山脉被抬升那么高？科学家、哲学家和神学家花了几个世纪的时间来解答这些问题。直到17世纪，许多欧洲人仍然认为《圣经》上提到的洪水在塑造地球表面的过程中发挥了主要作用，这种思想就是著名的"灾变论"，并且当时的地质学（研究地球的学问）也是建立在这样的信仰上的，即地球上的所有变化都是被一系列的灾难所引发，并且是突然发生的。但是到了19世纪中期，"灾变论"开始让位于"均变论"，"均变论"是1785年苏格兰地质学家詹姆士·郝屯（James Hutton）提出的，是一种主要关注"均变原理"的新的思想。"均变原理"可简述如下：目前是理解过去的关键。持这一观点的人认为发生在目前地球上的地质营力和过程与发生在地质历史上的地质营力和过程是一样的。

地球的内部

古希腊人早已知道了地球的大小（直径大约 12750km），但直到 20 世纪初，科学家们才确定了我们的地球内部由地壳、地幔和地核三层组成（图 4）。这种层状结构和煮熟的鸡蛋相类似。最外面的地壳和其他两层比起来是最硬并且是最薄的一层。洋底地壳在厚度上变化不大，一般在 5km 左右。大陆地壳在厚度上变化很大，平均厚度在 30km 左右，但在诸如阿尔卑斯或其他山脉的下面，地壳厚度可以达到 100km。地壳是脆性的，容易破裂，类似于鸡蛋壳。

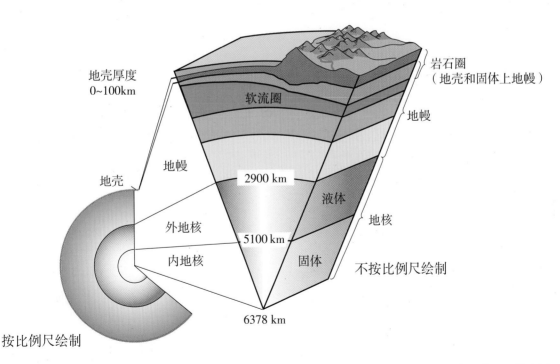

图 4　显示地球内部构造的剖面图。下部：按比例绘制的图显示出地壳只是很薄的外层。右上方：不按比例尺绘出的图显示出地球的三层主要结构（地壳、地幔和地核）

5

地壳下面是地幔，地幔由厚度大约2900km的炽热的半固体岩石组成。由于地球内部的温度和压力随着深度的加深而增大，比地壳含有更多的铁、镁、钙等元素的地幔密度更大，温度更高。地幔类似于熟鸡蛋的蛋白。地球的中心是地核，由于主要由金属（铁、镍）而不是石头组成，所以地核的密度将近地幔的两倍。与鸡蛋的蛋黄不同，地核实际上是由两部分组成：一部分是厚度2200km的液态外核，另一部分是1250km厚的固态内核。当地球旋转的时候，液态外核跟着旋转，并产生地球磁场。

毫无疑问，地球的内部结构影响着板块构造。地幔上部（上地幔）比地幔下部（下地幔）温度要低，并且硬度要大，在大部分情况下，上地幔的运动与覆盖于其上的地壳运动相似。上地幔的上部分与地壳共同构成了一个坚硬的岩石层，叫岩石圈。岩石圈在洋底和火山活动地区（如美国西部地区）是最薄的。在全球范围内，岩石圈的平均厚度是80km，岩石圈破裂成为包含大陆板块和大洋板块的移动的板块。科学家认为，在岩石圈下面的地幔中存在一个相对薄的、流动的区域，这个区域叫做软流圈。软流圈由高温的半固体物质构成。由于在整个地质时代受到高温和压力的作用，岩石会软化并且流动，坚硬的岩石圈被认为在缓慢流动的软流圈上"漂浮"并移动。

早在1596年，荷兰地图制作者A.奥铁留斯（Abraham Ortelius）在他的著作《地理百科》（Thesaurus Geographius）中暗含了这样的观点：地球上几个大陆目前的位置并非从来就是如此。在20世纪以前很长一段时间，这一观点一直处于被怀疑状态。奥铁留斯认为美洲大陆"由于地震和洪水而同欧洲大陆和非洲大陆分离。如果有人拿着世界地

图，对这三个大陆的海岸线进行仔细分析，就会发现它们分裂的断痕。"奥氏的观点在 19 世纪再次被人提到。1912 年德国气象学家、32 岁的阿尔弗雷德·劳塞·魏格纳（Alfred Lothar Wegener）在他的两篇文章中正式提出了"大陆漂移"理论，从那以后，大陆移动的观点才被作为严肃的科学理论来讨论。魏格纳认为超级大陆古陆桥在 2 亿年以前开始分裂。魏格纳理论的最坚定支持者之一，约翰内斯堡大学地质学教授亚历山大·杜·托伊特（Alexander Du Toit）提出超级大陆古陆桥最初分成两部分，即处于北半球的劳亚大陆和处于南半球的冈瓦纳大陆，劳亚大陆和冈瓦纳大陆然后继续分裂成现存的一些较小的大陆。

魏格纳的理论部分是建立在南美洲和非洲大陆边缘形态看上去非常吻合的基础上的，即奥铁留斯早在其 3 个多世纪前第一个注意到的这一现象。魏格纳非常惊奇地发现，被大西洋分隔开的南美洲和非洲的海岸线有许多相似的地质构造和动植物化石，他认为大量的生物游过大西洋或被运送到对岸都是不可能的。对于魏格纳来说，南美洲和非洲海岸线上的动植物化石是证明这两大洲曾经连在一起的最有力证据。

在魏格纳的思路中，古大陆破裂后的大陆漂移不仅能够解释相同的化石在两地出现，而且能够解释气候在某些大陆的巨大变化。例如，在南极洲发现的热带植物化石，说明这个冰封的大陆曾位于接近赤道的热带植物能够生长的温暖的地方。不相匹配的地质和气候包括在目前的极地地区发现的蕨类植物化石；在炎热的非洲发现的冰川擦痕，如南非的瓦尔河河谷。

　　大陆漂移理论就像是电火花，它照亮了人们认识地球的新的道路。但是在魏格纳提出他的理论的时候，当时的科学界都固执地认为大陆和海洋是地球表面永恒不变的特征，虽然他的理论与当时得到的科学信息是一致的，但人们并不情愿接受大陆漂移理论。

　　魏格纳提出大陆绝对通过洋底而移动的"大陆漂移"理论，不能圆满地回答反对者所提出的基本问题："是什么样的巨大力量能推动这样庞大的岩体移动这么远的距离？"著名的英国地球物理学家哈罗德·杰弗里斯（Harold Jeffreys）就坚决反对"大陆漂移"这一观点，他提出从物理学的角度来看，巨大的固体岩石在不破碎的情况下通过洋底而移动是不可能的。

　　在被反对之后，魏格纳固执地将他的余生投入到为捍卫他的理论而寻找证据的工作中去。1930年，在一次穿越格陵兰冰盖的探险中被冻死。然而，在他去世之后，来自洋底探测的新的证据和其他研究重新引起人们对魏格纳理论的兴趣，最终使板块构造理论得到发展。

　　板块构造理论被证明与关系到物理学和化学的原子结构的发现和关系到生命科学的进化论一样重要。虽然板块构造理论目前被科学界广泛接受，但是该理论的某些方面仍有争论。突出的问题之一是魏格纳没有解决的问题：是什么自然力量推动板块？科学家们仍然争论板块构造在地球史的早期是否发生过移动？那么类似的过程是否会或者曾经在我们的太阳系的其他行星上发生呢？

什么是构造板块

一个构造板块（也叫岩石板块）是一块巨大的、形状不规则的、厚的固体岩石，一般由大陆和海洋岩石圈构成。板块大小变化很大，宽度从几百千米到上千千米不等，其中太平洋板块和南极板块是最大的。板块的厚度变化也很大，从形成较晚的厚度不到15km的大洋岩石圈到形成较早的厚度在200km左右甚至更厚的大陆岩石圈，其差异很大。

这样巨大、深厚、沉重的岩石是如何漂移的呢？答案就在岩石的构成上。大陆地壳是由富含相对比较轻的矿物如石英和长石以及花岗岩构成的。与此相反，大洋的地壳由密实而沉重的玄武岩构成。板块厚度上的变化就是来平衡由于密度和重量的差异而引起的这两类板块的不平衡。由于大陆岩石比较轻，因此大陆地壳非常厚（可达100km），而大洋地壳一般情况下只有5km厚。像冰山一样，大陆地壳只有一部分露出了水面，在大陆下面有很深的"根"来支撑着它的高度。

板块之间的大多数边界很难看到，因为他们都隐藏在洋底。通过大地测量轨道卫星的测量，大洋板块的界线能被清晰地勾画出来。地震和火山活动就集中在这些边界的附近。在地球46亿年的历史中，构造板块形成时间可能很早，它们缓慢漂移在地球表面，就像一会儿集合一会儿分开反复运动着的碰碰车。

如地球表面许多特征一样，板块随时间而变化。由部分或全部海洋岩石圈构成的板块能够俯冲到另一个通常是更轻的大陆板块下面，并且最终消失在大陆板块之下。在俄勒冈和华盛顿的海岸上，这样的过程正在发生着。以前较大的法拉荣海洋板块的剩余部分，即胡安德富卡小板块，随着继续向北美板块下面俯冲，总有一天会完全消失掉（图5）。

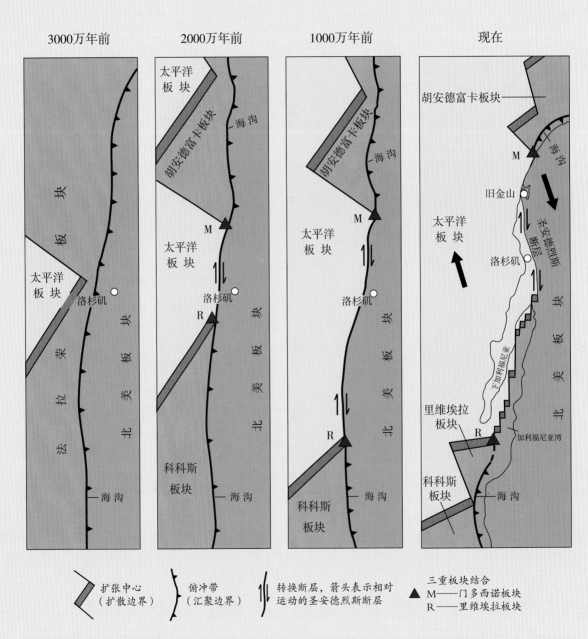

图5 这4幅图解释了原来很大的法拉荣板块的缩小过程。人们认为它过去处在北美和加勒比板块的下部，如今只留下胡安德富卡、里维埃拉和科科斯这些小的板块的相对运动。箭头表示目前太平洋和北美板块之间的相对运动（根据美国地质调查局专业论文 1515 修改）

阿尔弗雷德·劳塞·魏格纳：运动的大陆

阿尔弗雷德·劳塞·魏格纳对科学的最大贡献，就是他将表面上看似无关的事情联想在一起并发展为一种理论，而该理论在当时被认为是幻想，魏格纳第一个意识到要了解地球是如何运动的这一问题需要懂得整个地球科学知识。

魏格纳的科学幻想在 1914 年变得更加强烈。当时他作为一名德国士兵参加了第一次世界大战，因受伤住在军事医院。卧床期间，他有充裕的时间去完整地思考他多年的想法。正如他的一些前辈一样，魏格纳被南美和非洲大陆奇怪的吻合所吸引。与前辈不同的是，魏格纳搜寻出许多其他证明这两个大陆曾经是连在一起的地质学和古生物学方面的证据（图6）。在较长的康复身体期间，魏格纳将他的想法发展成为大陆漂移理论，在 1915 年出版的名为《海陆的起源》一书中进行了详细描述。

1905 年魏格纳曾获得行星天文学博士学位，不久他变得对气象学很感兴趣，参加了几次到格陵兰岛的气象考察。顽强的性格使魏格纳倾注了他的大部分生命坚持他的大陆漂移理论。该理论从一开始就受到数次攻击，在他有生之年从来没有得到过承认。尽管受到大多数主流地质学家的反对，但是他没有屈服过，反而更加努力工作，充实他的理论。当时那些地质学家认为他只不过是一个气象学家，而在其他领域是一个门外汉。

在去世前的两年，魏格纳终于实现了他人生的目标之一：学术地位。为了在德国某个大学里谋到一个职位，他努力了很长时间，但均未成功。最后他接受了奥地利格拉茨大学的教授职位。魏格纳在大学谋职位的挫折和长期耽误，可能源于他广泛的科学兴趣。魏格纳的一位长期共事的朋友约翰尼·乔治（Johannes Georgi）说："经常听到他因为兴趣的变化而转移研究方向，而不管所研究的东西是否和他过去所研究的领域有关——这样的

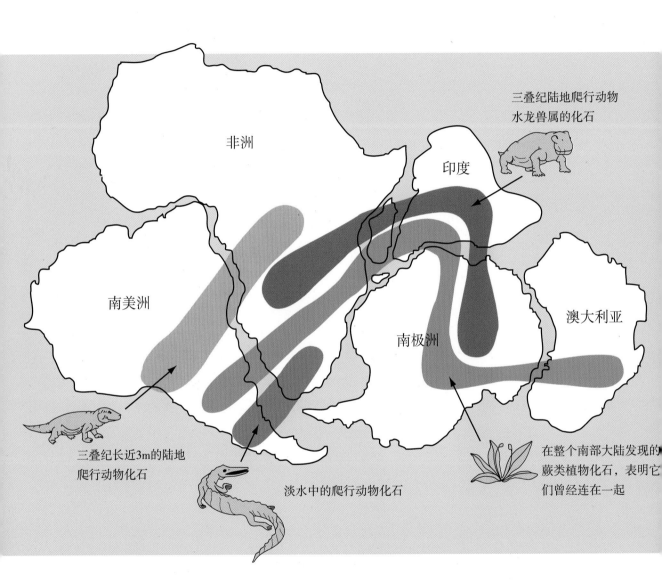

三叠纪陆地爬行动物
水龙兽属的化石

非洲

印度

南美洲

澳大利亚

南极洲

三叠纪长近3m的陆地
爬行动物化石

淡水中的爬行动物化石

在整个南部大陆发现的
蕨类植物化石，表明它
们曾经连在一起

图6　正如斯奈德·佩莱格里尼和魏格纳注意到的那样，如果将大陆重新连接在一起的话，如今广泛分布在大陆上的某种植物和动物化石的位置会形成一定的模式（颜色带所示）

人好像不适应科学领域中的任何一个固定职位"。

具有悲剧意味的是，达到他的学术目标后不久，在一次气象考察中魏格纳去世了。为了在格陵兰建立一个用于研究外层空间急流（风暴中心经过的地区）的冬季气象站，乔治请求魏格纳和他一起去考察，魏格纳勉强答应了。恶劣的天气耽误了他们许多时间，最终魏格纳和其他 14 人在 1930 年 9 月出发了，他们乘着 15 辆雪橇，带着 4000 磅的补给。极度寒冷的天气使 13 个格陵兰向导中的 12 人返回去了，只有一个格陵兰人随魏格纳继续前进。魏格纳知道冬季气象站的乔治和其他研究人员急需这批补给品。他们冒着零下 54℃的严寒继续前进，5 个星期以后，他们到达了冬季气象站（图 7）。为了尽早回家，他在完成工作后的第二天便准备返回基地。但他永远回不去了，他的尸体在第二年夏天被发现。

在他 50 岁去世那年，魏格纳仍是一个精力充沛的、杰出的科学家。去世前一年（1929 年），他出版了第四本专著。在这本专著里，魏格纳通过仔细观测，得出结论：越浅的海洋，在地质历史上越年轻。20 世纪 20 年代末，德国的"流星号"科考船在大西洋测到了大量海底高程数据。假如 1930 年魏格纳没有去世，他无疑会投入到对这些数据的研究当中。这些数据显示沿着大西洋中脊的顶部存在一条中心裂谷。凭魏格纳丰富的想象，他可能会认识到：水面下较浅处的大西洋中脊作为较年轻的地质现象可能产生于热膨胀，而中心裂谷可能产生于大洋地壳的拉张。从大洋中部的年轻地壳到海底扩张

图 7a　阿尔弗雷德·劳塞·魏格纳（Alfred Lothar Wegener）(1880~1930)，大陆漂移理论的创始人（转载德国极地与海洋研究所图片）

图 7b　这是魏格纳最后几张照片之一，魏格纳（左）与向导英纳特（Inuit）1930 年 11 月 1 日在格陵兰岛进行最后一次气象考察（转载极地与海洋研究所图片）

和板块构造等，被一位类似于魏格纳的科学家浓缩在板块构造理论中。这位科学家就是 P.R. 沃格特博士（Peter R. Vogt，华盛顿特区美国海军研究实验室）。沃格特是大家所熟悉的板块构造理论的专家，他指出："如果魏格纳活得再长一些，即使不是事实上的发起人，他也将会成为板块构造理论革命中的一位重要人物。"无论如何，魏格纳的许多思想为 30 年后板块构造理论的发展奠定了基础，并提供了一个基本的框架。

澳大利亚的极地恐龙

作为一个气象学家，魏格纳对以下这些问题是非常感兴趣的，诸如为什么在寒冷的南极地区有古代繁茂森林的痕迹——煤矿？为什么在炎热的非洲地区会发现冰川沉积物？魏格纳认为这些异常现象是否可以用以下的设想来解释，即南极洲、澳洲、南美洲、印度最初是古大陆的一部分，这个古大陆从赤道延伸到南极，跨越了一个宽广的气候带和地质环境。古大陆破裂的各部分漂移到现在这样的位置。这种认识构成了魏格纳大陆漂移理论的基础。

最近，古生物学家仔细研究了在澳洲东南部保存完好的恐龙化石。世界其他地方的恐龙化石说明恐龙适宜于生活在热带气候中，但澳洲的恐龙（冠名为"极地"恐龙）却适宜生活在寒冷条件下。这些恐龙显然喜欢在黑夜外出，并且因为是恒温动物，所以在外觅食时能忍受漫长黑夜的冰点甚至冰点以下的温度（图 8）。

白垩纪晚期（大约 6500 万年前）全球突然变冷，恐龙在这个时期全部灭绝了。当前的一种理论认为一个或更多的彗星或小行星撞击地球，导致全球变冷，并最终使恐龙灭绝；另一种理论将全球突然变冷归因于一系列火山大爆发导致在极短时间内的天气变化。

极地恐龙化石的发现清晰地说明全球气候变冷只使除极地恐龙以外的其他种类的恐龙灭绝了，而极地恐龙却能幸存下来。这样就又产生了一个吸引人的问题："如果这些恐龙适应寒冷的天气，那它们为什么

15

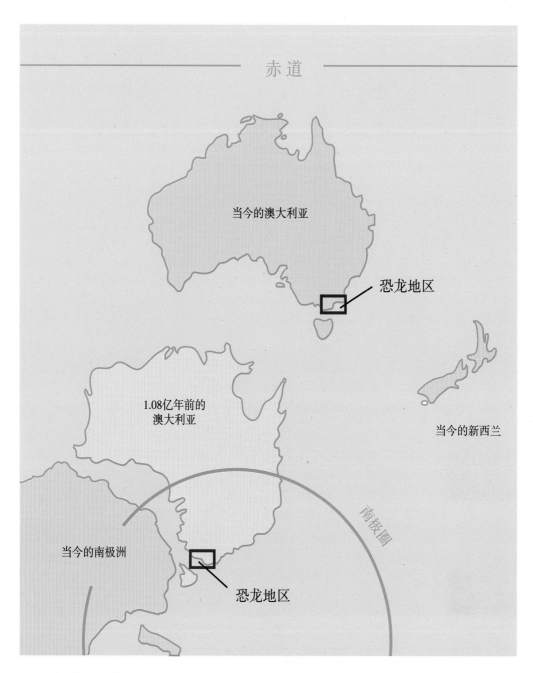

图 8　大约在 1 亿年以前，在澳大利亚南端的恐龙地区（小的红色方框）正好位于南极圈内，比现在距离南极近 40° 以上

也灭绝了呢？"古生物学家找不到答案。不管如何，近来所获得的化石证据已充分说明 1 亿年以来澳洲一直在向赤道方向漂移。极地恐龙繁盛的时候，也正是它们习惯于在南极圈内的寒冷气候下生活的时候（图 9）。

1991 年，古生物学家发现了一种以前不知道的恐龙种类——艾氏冰脊龙，这是在南极大陆发现的唯一一种恐龙化石。冰脊龙化石的发现地点在位于距现在的南极点仅 600km 的克尔克帕特里克山。除了头骨上有一个明显的裂缝外，这种食肉恐龙与在澳洲洞穴中发现的另外一种食肉恐龙跃龙属（可见到其艺术品）在外形上可能很相似。研究显示冰脊龙生活在大约 2 亿年前，当时南极洲仍是冈瓦纳古陆的一部分，其气候与太平洋西北部相似，潮湿的气候有利于大量动物性食物的生成。随着冈瓦纳大陆的分裂，跃龙和冰脊龙也开始分离。澳洲逐渐向北部的赤道方向漂移，南极洲则向南极点的方向漂移（图 8）。

如果在魏格纳还活着的时候发现澳洲的极地恐龙和冰脊龙恐龙的化石，对此梦寐以求的他肯定会非常高兴。

雷利诺龙　　　　　　　　　　　　跃龙　　　　　　　　　　　　木他龙

图9　该画面来自于描绘澳大利亚恐龙特征的集邮小型张。显示一些在极地气候条件下茁壮成长的热血恐龙，在早白垩纪（1亿～1.25亿年）以前它们生龙活虎

翼龙　　　　　　　甲龙　　　　　　阿特拉斯科普柯龙　　似鸟龙

San Francisco 1906: The large-scale destruction of this "boom city" by the earthquake and the following conflagration shook the insurance industry like no other catastrophe event in history.

大陆漂移理论的发展

魏格纳去世后，大陆漂移学说引起人们不断的激烈争论，那时该学说被认为是异端、古怪和十分荒谬的。然而，从 20 世纪 50 年代开始，大量新的证据出现，魏格纳的学说再次引起争论。尤其是四个主要科学发现推动了板块构造理论的形成：①证实海底崎岖不平而且年轻；②证实地磁场在过去反复颠倒；③出现海底扩张假说和海洋地壳相关消长循环理论；④事实证明，世界上的地震和火山活动沿着海沟和大洋中脊集中发生。

海底测绘

大约 2/3 的地球表面位于海洋底部。19 世纪之前，辽阔的海洋深度大部分是推测的，许多人认为海底相对低平而没有起伏。然而，早在 16 世纪，一些勇敢的航海者通过所持的绳索得到的海洋深度有很大的不同，表明海底不是一般人认为的那样总是平的。其后对海洋的探测明显提高了我们对海底的认识。目前我们知道出现在陆地上的大多数地质过程都直接或间接与海底动力学有关。

在 19 世纪，大大增加了海洋深度的现代测量，当时在大西洋和加勒比海进行了日常深海探测（海底测量）。1855 年，美国海军上尉马修·莫里（Matthew Maury）出版的有深度测量的海图提供了中大西洋水下山脉的第一个证据，后来被铺设横穿大西洋电缆的调查船确认。第一次世界大战（1914~1918 年）之后，海底地形测量技术有了很大提高。当时开始使用回声探测装置——原始声纳系统测量海洋深度，它记录船上发射的声音信号从海底反射返回所用的时间，返回的时间图表明，海底比人们以前想象的要崎岖得多。回声探测明确地证实早期海底探测提出的中大西洋海底山脉（后来叫做大西洋中脊）具有连续性和高低不平的特征。

1947 年，美国大西洋号研究船上的地震学家发现大西洋底的沉积层厚度比以前人们认为的薄。科学家以前认为海洋至少存在 40 亿年，因此沉积层应该很厚。那么为什么海底沉积岩石和碎屑积累得如此少呢？对这个问题的进一步探索及解答对板块构造理论的发展极为重要。

20 世纪 50 年代，进一步扩大了海洋探测。由许多国家进行的海洋地理调查资料发现，海底的大量山脉事实上环绕着地球，这就是所谓的环球大洋中脊。这个巨大的海底山脉——长 50000km、宽 800km，盘旋在大陆之间，就像棒球上的缝线一样缠绕全球（图 10~ 图 11）。它们平均比海底高 4500m，除了阿拉斯加麦金莱山 (Denali，6194m) 以外，大洋中脊相对高度超过美国所有山脉。虽然藏在海洋底部，但全球大洋中脊系统是我们地球固体表面最突出的地形。

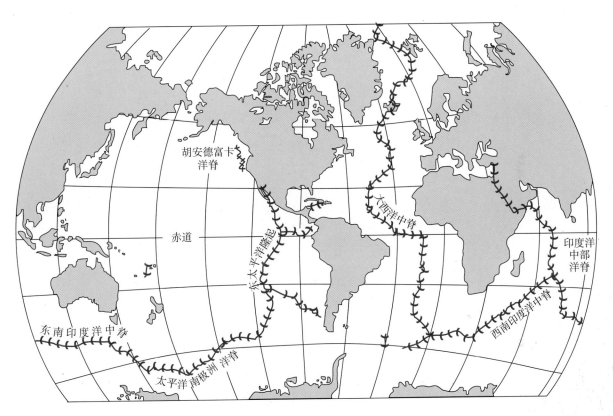

图 10　大洋中脊（红色部分）缠绕着大陆，更像是棒球的缝线

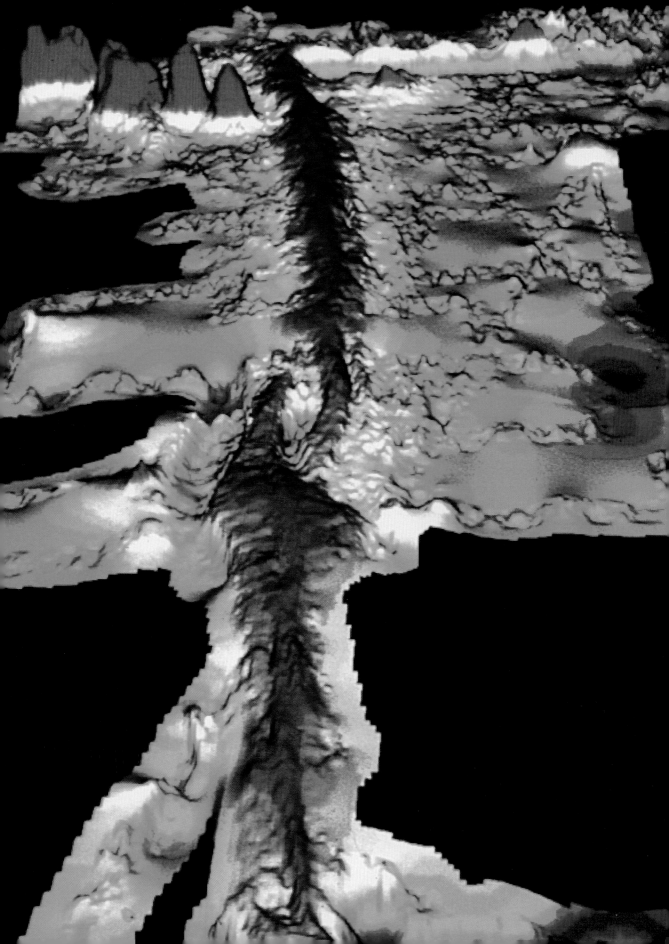

地磁条带与极性反转

20 世纪 50 年代，科学家开始使用在第二次世界大战期间开发的航空地磁仪来探测海洋，发现奇怪的跨过洋底的地磁变化。这一发现虽然不在意料之中，但也不太令人惊奇。众所周知，玄武岩构成洋底，它含有强磁矿物（磁铁矿），可以使局部罗盘方位读数失真。早在 18 世纪末期，冰岛的水手们就发现了这一失真现象。更重要的是，由于地磁的存在，给了玄武岩可测的磁性。这些新发现的地磁变化提供了另一种研究深部洋底的方法。

在 20 世纪初期，一些古地磁学家（那些研究地球古地磁场的人），像法国的 B. 布鲁赫斯（Bernard Brunhes, 1906）、日本的 Motonarri Matuyanma(1920's)，认为根据岩石的磁性，它基本上可分为两类。一类具有所谓的正极性，其特征是岩石中的地磁矿物具有与地球磁场一致的极性。这可能导致罗盘针的北端指向地磁的北极。另一类具有反极性，表现为极性与地球现存的磁场相反。在这种情况下，岩石罗盘针的北端会指向南。这怎么可能呢？答案在于火山岩石的磁铁矿。磁铁矿的微粒像小的磁铁，可以使自己按照地球磁场的方向排列。当岩浆（含有矿物和气体的熔化岩石）冷却形成固体火山岩石的时候，磁矿物颗粒的排列在冷却时被锁住，记录着当时地球磁场的方向或磁极。

图 11　计算机制作的大洋中脊详细地形图。暖色（黄至红色）表明海底上部的上升洋脊。冷色（绿至蓝色）表明较低的部分。该图是东太平洋隆起（北纬 9°）的一小部分 [罗得岛大学 S. 泰伊（Stacey Tighe）赠送]

20世纪50年代，越来越多的海底地磁图被绘制出来，人们认识到地磁变化不是无规则和孤立地出现的。当绘制较宽地区的地磁图时，海底显示出像斑马纹一样的图像。不同磁场岩石的条带排列在大洋中脊的两侧，一条带为正极性，毗邻的条带为负极性。由这些正极和负极性岩石交变条带确定的整个图像构成著名的地磁条带（图12）。

地磁条带与同位素时钟

20世纪50年代，海洋调查使人们更好地了解了海底，原来，海底岩石的斑马条带状地磁图形并不像我们熟悉的大陆岩石。很明显，海底有个故事要告诉我们，它是什么呢？

1962年，美国海军海洋办公室的科学家准备了一份报告，概括了所绘制的组成海底火山岩石的地磁条带的有效信息。弗雷德里克·瓦因（Frederick Vine）和德拉蒙德·马修（Drummond Matthews）两位年轻的英国地质学家以及加拿大地质调查局的劳伦斯·莫利（Lawrence Morley）在整理了这一报告中的资料之后，

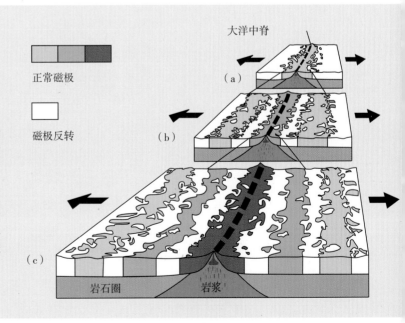

图12

左图：地磁条纹形成的理论模式。不断在大洋中脊的峰脊上形成的新的海洋地壳冷却并随着海底扩张远离峰脊，逐渐变老。（a）约500万年以前的扩张洋脊；（b）约（200~300）万年以前的洋脊；（c）当前的洋脊

右图：中间部分即神秘移动的深部洋底，图中给出太平洋西北部海洋地理调查局绘制的地磁条纹。细的黑色线表示使条纹断错的转换断层

正常磁极

磁极反转

大洋中脊

（a）

（b）

（c）

岩石圈   岩浆

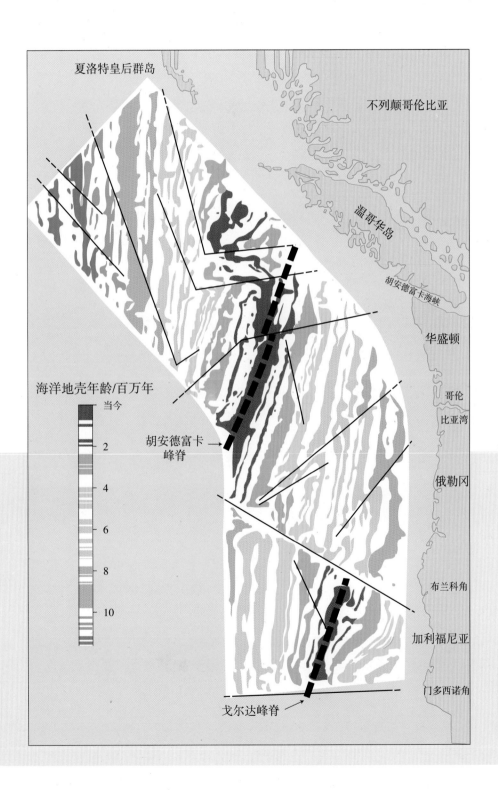

和其他信息一起推断地磁图形不是褶皱。1963年，他们假设地磁条带是由地球磁场的反复倒转引起的，而不是像以前人们认为的那样由磁场的强度变化或是其他原因引起的。对于大陆上的岩石地磁场研究已经证明磁极会倒转，从逻辑上讲，下一步应该明白大陆地磁场倒转是否与海洋地磁条带的地质时间相关。几乎在海底发现这些激动人心的现象的同时，探测岩石地质年龄的新方法也迅速被发现。

美国地质调查局一些科学家——地球物理学家阿伦·考克斯（Allan Cox）和理查德·多尔（Richard Doell），同位素地球化学家布伦特·达尔林普尔（Brent Dalrymple），利用化学元素钾和氩的同位素，使用年代法重现了过去400万年来的地磁倒转史。像其他同位素一样，同位素钾含有不稳定的放射性元素钾，它通过地质时间会以稳定的速率衰减，产生新一代同位素。放射性元素衰减一半所需要的时间称为半衰期。放射性同位素钾-40衰减产生一种稳定的新一代同位素氩-40，通过测量岩石中钾的总量以及没有衰减的钾-40和氩-40的含量，可以确定岩石的年龄。由于钾-40同位素具有13.1亿年的半衰期，所以可以用于测定百万年的岩石年龄。

其他普遍使用的同位素时钟是根据铀、钍、锶和铷元素的某种同位素的放射性衰减获得的。然而，正是钾-氩测年法揭开了海底地磁条带之谜，并为海底扩张假说提供令人信服的证据。考克斯和他的同事使用这种方法探测了全世界大陆火山岩石的年龄。他们还测量了这些相同岩石的地磁方向，由此使他们确定了地球最近的地磁倒转年代。1966年，瓦因和马修斯以及莫利将这些已知的地磁倒转年代与在海底发现的地磁条带加以比较。假定海底每年以几厘米的速率从中心向远处移动，他们发现地球的地磁倒转与地磁条带明显相关（图13）。在这一惊人的发现之后，科学家们对其他扩张中心进行了反复类似的研究，终于计算出了几乎所有海底地磁条带的年龄，并了解了其相互关联情况，其中一些年龄已经有1.8亿年。

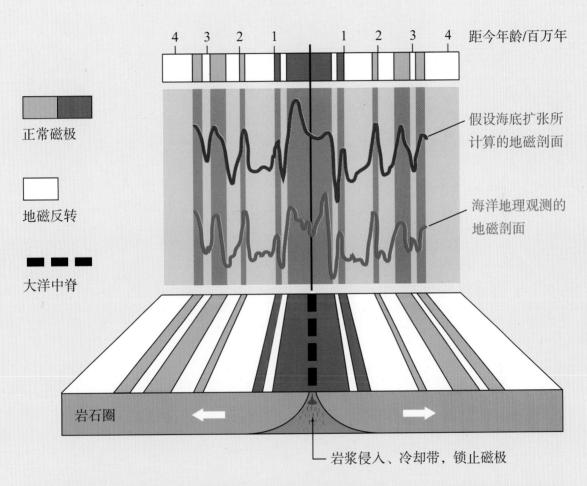

图 13 所观测的东太平洋洋脊的海底地磁剖面（蓝色）与根据地球在过去 400 万年地磁转换极性所计算的剖面（红色）相当一致，同时与洋底岩石圈以假定的恒定速率远离一个假设的扩张中心（底部）相一致。这两个剖面显著的相似点提供了一个支持海底扩张理论确定无疑的证据

海底扩张与海洋地壳的循环

地磁条带的发现自然引出更多的问题：地磁条带图形是怎样形成的？条带为什么对称排列在大洋中脊两侧？不了解这些山脊就不能回答这些问题。1961年科学家从理论上认为大洋中脊是结构薄弱带，在那里海底沿着其脊峰被拉张撕裂，新的岩浆从地球深处很容易通过薄弱地带上涌，并且沿着山脊的脊峰喷发，形成新的地壳。这一过程后来叫做海底扩张。数百万年以来建立起了50000km长的大洋中脊系。

这一假定得到几条证据支持：① 在大洋中脊的峰脊及其附近，岩石年龄非常年轻，远离峰脊处的岩石逐渐变老；② 峰脊处最年轻的岩石总是具有当今正常极性；③ 平行于峰脊中的岩石地磁极性条纹交替出现（正常－反转－正常），表明地磁场多次突然转化。地磁斑马条纹的解释和大洋中脊系的建立，使海底扩张假说很快获得了一批支持者，成为板块构造理论发展的又一个重大进展。另外，海洋地壳目前成为地磁倒转史的天然的"磁带记录"。

海底扩张的另一个证据则很意外：石油勘探。二次世界大战后的数年中，大陆石油储备被迅速耗尽，开始了海洋石油的勘探。为了进行海洋勘探，石油公司建造了装有特别钻孔设备的船只，这些船能够铺设数千米长的钻孔管。后来这一方法用于建造探测船，命名为"Glomar挑战者"，它是专门为海洋地质研究设计的，包括收集海底深处的钻孔岩芯样品。1968年，人们开始用这只船从事1年期的科学考察，在南美和非洲之间的大西洋中脊上交叉往来，钻探特殊位置的岩芯样品（图14~图15）。当岩芯样品的年龄由古生物学和同位素测年研究确定时，它们为海底扩张理论提供了确定无疑的证据。

图 14　Glomar 挑战者号是专门为海底钻井取样而设计的调查船，20 世纪 60 年代末首次进行工作

图 15　JOIDES 坚定号船是 20 世纪 90 年代的深海钻井船，该船钻井深度超过 9000m，比 Glomar 挑战者号定位更精确，钻井深度更深（图片由得克萨斯 AM 大学海洋钻井工程部提供）

海底扩张的一个必然结果就是新的地壳沿着大洋中脊不断被创造出来。这一思想很受一些科学家的欢迎，这些科学家认为大陆漂移很容易被地球不断变大所解释。但是，所谓的"地球膨胀"假说是站不住脚的，因为它的支持者不能提供合理的地质机制去解释这样巨大的、突然的膨胀。许多地质专家相信地球自形成以来，46亿年间，其大小没有发生变化，这样又产生了一个关键问题：新的洋底地壳沿着洋中脊不断被创造，为什么地球没有因此变大呢？

这一问题激起了普林斯顿大学地质学家兼海军预备役少将 H. H. 赫斯（Harry Hammond Hess）与美国海岸和大地测量局的 R.S. 迪茨（Robert S. Dietz）的兴趣，迪茨是"海底扩张"这一词汇的首创者。赫斯和迪茨是真正明白海底扩张意义的少数人中的两个。赫斯推断，如果地壳沿着洋中脊膨胀，那么它必定会在某个地方收缩。赫斯认为，新的洋壳是在一个传送带上持续地运动，几百万年后，洋壳下沉形成海沟（沿着太平洋盆地边缘有非常深窄的大峡谷）。赫斯的理解是大西洋正在扩张，而太平洋正在收缩。当老的洋壳被海沟消化掉后，新的岩浆上升并在洋中脊喷发，形成新的洋壳。从结果上看，大洋盆地处于不断的循环当中，在新的洋壳产生的同时，老的洋壳被消化掉了。这样一来，赫斯的思想完整地解释了为什么地球没有随着洋底扩张而变得越来越大，为什么洋底基本没什么沉积积累，为什么洋底岩石比大陆的岩石年轻。

哈里·哈蒙德·赫斯：海底扩张说

在 20 世纪 60 年代早期板块构造理论形成和发展的过程中，普林斯顿大学教授 H.H. 赫斯是一个很有影响的人物（图 16）。在许多方面，赫斯同意魏格纳的大陆漂移理论，但是他对于地球大范围运动的观点有着不同的看法。

图 16　赫斯（1906~1969）在第二次世界大战期间于约翰逊角号突击行动中身着海军制服的照片。二次大战结束后，他继续活跃在海军后备军中并晋升为少将（普林斯顿大学地质与地球物理系提供）

即使是二战时在海军服役期间，赫斯仍然对大洋盆地的地质状况有着浓厚的兴趣。赫斯参加了发生在马里亚纳、莱特、林瓜沿和硫磺岛的几场战斗。在战斗期间，赫斯利用远航的机会在太平洋上进行声纳探测调查。在 20 世纪 30 年代英国地质学家 A. 霍姆斯（Arthur Holmes）的研究基础上，赫斯的研究最终产生了一个大胆的假说，即海底扩张假说。1959 年，赫斯非正式地提出这一假说，并将其形成文字，且被广泛传播。像魏格纳一样，因为没有现成的洋底测试数据支持他的思想，赫斯的假说陷入了重重阻碍当中。1962 年，赫斯将他的思想写成论文，以《洋盆的历史》为题发表了。这篇论文是板块构造理论发展中贡献最大的论文之一。在这篇经典论文中，赫斯概括了洋底是如何扩张的：岩浆从地球内部向上涌，并在洋中脊顶部喷发出来，喷出的岩浆冷却后形成新的洋底，并逐步向远离洋中脊的方向扩张，最后消失在深海沟中。

赫斯的海底运动思想解释了地质界几个令人困惑的难题。既然大多数地质学家认为海洋存在至少已有 40 亿年的历史了，为什么洋底的沉积物这么少？赫斯认为洋底沉积物最多累积了 3 亿年。沉积过程间隔的时间就是洋壳从洋中脊顶部移动到海沟所花的时间，在海沟处，洋壳下沉并最终被吞没。期间，岩浆持续不断地上升到洋中脊顶部并喷发出来，通过洋壳的不断产生，实现了洋底物质的"循环"。洋底的循环也可用来解释为什么洋底发现的最古老的化石都不超过 1.8 亿年。相反，陆地岩石层发现的海洋生物化石（有的在海拔 8500m 的喜马拉雅山上发现）的年代更古老。最重要的是赫斯解决了困扰魏格纳大陆漂移理论的一个关键问题：大陆为什么会移动？魏格纳有一个含糊的观念，即大陆简单地滑过洋底。他的反对者认为这是不可能的。随着海底扩张理论的诞生，认为大陆不是滑过洋底，而是随着洋底自洋中脊开始的扩张而被移动的。

1962 年，赫斯很清楚要证明他的假说并让科学界接受他的理论还缺少强有力的证据。但是，一年以后瓦因－马修斯对海底地磁条带的解释及几年之后的海洋勘探，最终提供了证明赫斯的海底扩张理论的证据。用测年法测出离洋中脊顶部越远的洋底其年龄越大，这进一步证明了海底扩张理论。后来的地震数据证实洋壳确实消失在海沟里，这完全证明了赫斯的通过主观地质推理得出的海底扩张假说。赫斯的有关洋底沿洋中脊扩张的基本思想已经经受住了时间的考验。

赫斯多年担任普林斯顿大学地质系主任，于 1969 年逝世。赫斯的命运比魏格纳好得多，在他的有生之年看到了他的洋底扩张理论被大多数人接受及肯定。同时他又有与魏格纳相似的一面，即除地质学外，他们都对其他学科很感兴趣。全世界已经认识到了赫斯的学术地位。1962 年，赫斯因他的地质研究被美国总统肯尼迪提名担任国家科学院空间科学部的主任。这样，除了对板块构造理论作出了巨大贡献外，赫斯在空间科学研究中也起到了很重要的作用。

勘探深部洋底：热泉和奇异的生物

洋底是许多珍奇动植物的家乡。大部分海底生物是接近水表面的，如分布在澳大利亚西北沿海长达 2000km 的由珊瑚群形成的大堡礁。与其他复杂的生物群

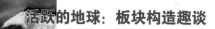

相似，珊瑚礁依靠太阳的能量生长（光合作用）。但是太阳光线最多只能穿透 300m 深的海水，相对较浅的太阳能量的穿透力，寒冷的且吸收不到太阳能量的海水，形成了一个深海的严寒环境区，这个区域几乎没有生物存在。

1977 年，科学家在厄瓜多尔沿海加拉帕戈斯峡谷（扩张脊）中深 2.5km 的地方发现了热泉。这个激动人心的发现并不让人感到奇怪，因为在洋中脊顶部，温度高达 1000℃的岩浆喷发上来而形成新的洋壳，所以在 20 世纪 70 年代早期，科学家已经预言在海底扩张的中心即洋中脊将会发现热泉（地热喷口）。更让人激动、也是未曾预言到的是，发现了大量非同寻常的海底生物——巨大的管状蠕虫、大型蛤蜊和贻贝，这些生物在热泉周围非常繁盛。

自 1977 年以来，沿着洋中脊的一些地方发现了其他的热泉和与其相关的海洋生物，许多分布在东太平洋海隆。这些深海热泉周围的海水温度可达 380℃，这里是深海生物的温床。进一步的研究显示，与大量微生物共生的氢硫氧化细菌是这个生态系统食物链的基础。这些细菌所必需的 H_2S（其气味像臭鸡蛋）在热泉喷出的气体中含有许多。大部分硫来自地球内部，小部分（低于 15%）硫是由海水中的 SO_4 发生化学反应生成的。这样看来，支持这个生态系统的能源不是来自于太阳，而是来自于化学反应（化合作用）。

但是有关支撑深海生态系统的能源问题还没有完全弄清楚。在 20 世纪 80 年代晚期，科学家撰文指出，在地热泉的喷口存在幽暗的亮光，这个亮光是当前研究的重点。在黑暗的海底有"自然"亮光，这一发现具有重大意义，因为这意味着在地热泉的喷口处生物的光合作用是可能发生的。这样看来，深海生态系统食物链的基础可能既有依赖化合作用又有小部分依赖光合作用的细菌。

科学家依靠世界上第一台深海潜水艇阿尔文号的帮助，发现了热泉生态系统（图 17 ~图 24）。阿尔文号潜水艇是在 20 世纪 60 年代早期建造且为美国海军服务的，它可乘 3 人，拥有类似于潜水艇的近 8m 长的自动推进舱。1975 年，FAMOUS 计划（法 - 美洋底

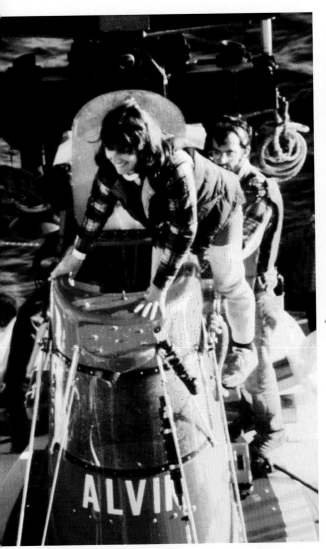

图 17　美国地质调查局科学家 J. 莫顿（Jan Morton）
登上阿尔文号潜水艇［美国地质调查局 R.A. 科斯基
（Randolph A. Koski）摄］

图 18　阿尔文号潜水艇下水后向海底深处行进中
（伍兹霍尔海洋地理研究所提供）

图 19　1979 年，科学家们在东太平洋海隆（北纬 21°）乘阿尔文号深海潜水艇探测时看到的第一高温（380℃）喷口的照片。由于该地热喷口很像烟囱，所以叫做冒烟口，喷出黑色的富含矿物质的热流体，其温度与最近形成的仍然热的海洋地壳有关。该图显示了一个黑色的冒烟口，但是一些冒烟口还可以冒出白色、灰色或更浅色的烟，这要决定于喷射的矿物质［美国地质调查局 W.R. 诺尔马克（William R. Normark）提供，RISE 考察队 D. 福斯特（Dudley Foster）摄］

图20 深海热泉环境养活着大量的稀奇古怪的深海生命，包括管虫、蟹、巨蛤等。该热泉的"邻居"位于沿东太平洋海隆（北纬13°）的地方［新泽西新不伦瑞克罗格斯大学R.A.卢茨（Richard A. Lutz）摄］

图21 阿尔文号潜水艇的机械手臂正在从海底捞起一个巨蛤［麻省理工学院,J. M. 埃德蒙（John M. Edmond）摄］

图 22　一位科学家手上举着的深海巨蛤，可明显地看出它的大小（美国地质调查局 W. R. 诺尔马克摄）

图 23　一些长达 1.5m、聚居的管状虫，群集在海洋热泉周围［伍兹霍尔海洋地理研究所 D. 福纳里（Daniel Fornari）摄］

图 24　近距离观测的正在吃管虫的蜘蛛蟹（美国地质调查局 W. R. 诺尔马克摄）

研究计划）的科学家乘坐阿尔文号潜水艇俯冲到大西洋中脊的位置，试图对洋底扩张进行直接观察，这次考察中没有发现热泉。1977 年再次乘坐该潜水艇对加拉帕戈斯海隆进行考察时，发现了热泉和奇异生物。自从有了阿尔文号，其他载人潜水艇逐渐建成并成功用于深部海底勘探。阿尔文号潜水艇的最大潜水深度是 4000m，是军用潜水艇最大潜水深度的 4 倍多。Shinkai 6500 号是日本人在 1989 年建造的潜水艇，它的最大潜水深度是 6400m（图 25）。美国和日本正在共同研制一种新的潜水系统，这种潜水系统将能勘探洋底最深处：马里亚那岛沿海深达 10920m 的马里亚那海沟南端。

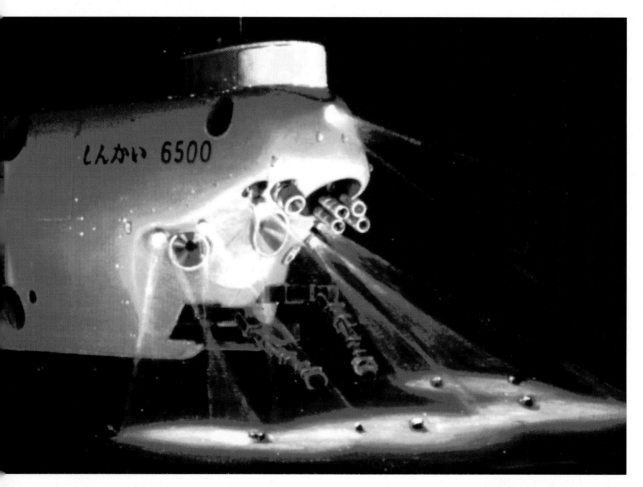

图 25 日本潜艇 Shinkai 6500 号，是目前世界上最深的载人潜水艇（日本海洋科技中心提供）

地震集中区域

20世纪，随着地震仪的改进和地震记录仪器的广泛应用，科学家们逐渐注意到地震的发生总是集中在一定的区域（图26），这个区域大都沿海沟或洋中脊分布。20世纪20年代晚期，地震学家开始识别几条平行于海沟分布的地震带，这些海沟以40°~60°倾角向地球深部延伸几百千米。这些地震带就是后来著名的瓦达弟－贝尼奥夫地震带，或简称为贝尼奥夫地震带，其名称是以首次发现它的科学家的名字来命名的，即日本科学家K.瓦达弟（Kiyoo Wadati）和美国科学家H.贝尼奥夫（Hugo Benioff）。为了履行1963年签订的禁止地面核试验条约，20世纪60年代建立了世界标准地震台网(WWSSN)，全球范围内的地震研究也因此取得了巨大进步。从WWSSN的仪器获得的大量有效数据使地震学家能够精确地绘制出全球范围的地震集中区域。

那么，发现了地震与海沟和洋脊的空间联系有什么重大意义呢？该认识有助于证实海底扩张理论，因为地震带也就是赫斯曾经预测的洋壳产生（沿洋中脊）的区域和海洋岩石圈沉入到地幔下（在海沟底下）的区域。

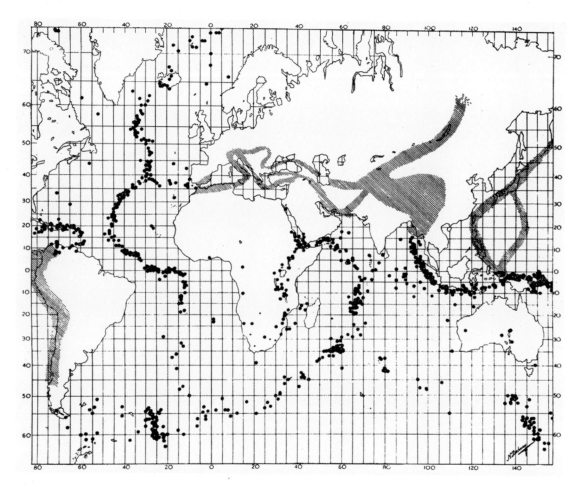

图 26　早在 20 世纪 20 年代，科学家们就注意到地震集中在一个特殊的窄带中发生（见正文）。1954 年，法国地震学家 J.P. 罗思（J.P.Rothé）出版了这张地图，图中显示地震集中发生在沿着黑点和用交叉线画成阴影的地带（经过伦敦皇家学会允许再版）

了解板块运动

目前科学家对板块如何运动和该运动与地震活动的关系等已经有了很好的认识。板块的运动导致板块之间的狭长区域成为板块构造力量最明显的地方（图27）。

板块的边界分为以下 4 种类型：

· 离散型边界——板块相互分裂时在此产生新的地壳。

· 聚合型边界——一个板块俯冲到另一板块以下时地壳受到破坏。

· 转换边界——板块水平滑动时地壳既不会产生也不会被破坏。

· 板块边界区——边界未能明确确定且板块间相互作用方式不清楚的一个宽带。

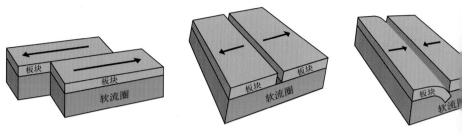

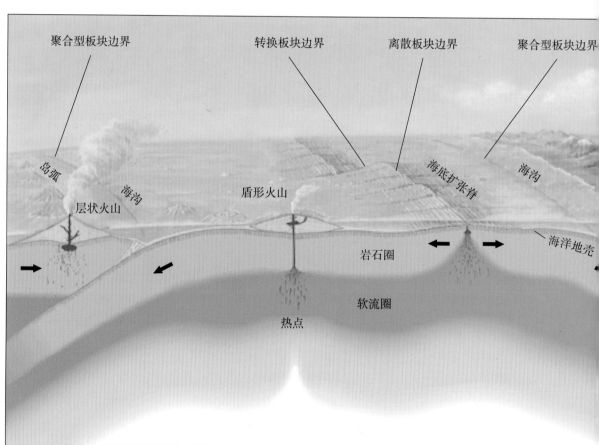

图27　艺术家们通过剖面解释板块边界的主要类型。东非裂谷是大陆裂谷的最好实例（选自《动态行星》一书 J. F. 维维尔绘制的断面图，由美国地质调查局、史密森学会以及美国海军研究实验室联合制作为挂图）

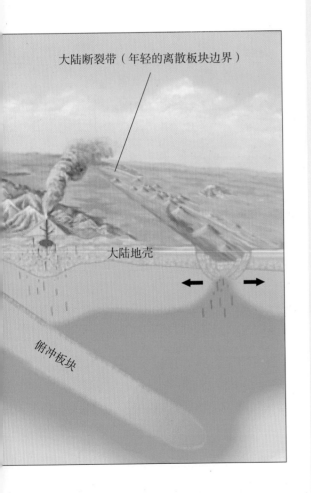

大陆断裂带（年轻的离散板块边界）

大陆地壳

俯冲板块

离散型边界

离散边界沿扩张中心分布，在这里板块逐渐分离，由地幔上涌的岩浆形成新的地壳。可以看到两条巨大的传送带，它们由洋脊向相反方向移动，并将新形成的洋壳传送到远离大洋中脊顶部的地方。

也许最著名的离散边界就是大西洋中脊，这条水下山脉是环绕全球的洋中脊系统的一部分。它北起北冰洋，向南超过了非洲南端（图28）。沿大西洋中脊洋底扩张的平均速率大约是每年2.5cm，或者每百万年25km。相对于人类标准来说，这样的速率好像很慢，但是由于这样的过程已经进行了数百万年，它已导致板块移动了数千千米。在过去的1亿到2亿年，洋底扩张已使大西洋从最初位于欧洲、非洲、美洲大陆之间的一个小水湾变成了现在看到的大洋。

冰岛是正好跨在大西洋中脊上的火山国家，它为科学家们在陆地研究洋底扩张过程提供了一个天然实验室。因北美相对于欧洲正在向西移动，冰岛正在沿着欧亚板块和北美板块间的扩张中心裂开（图29）。

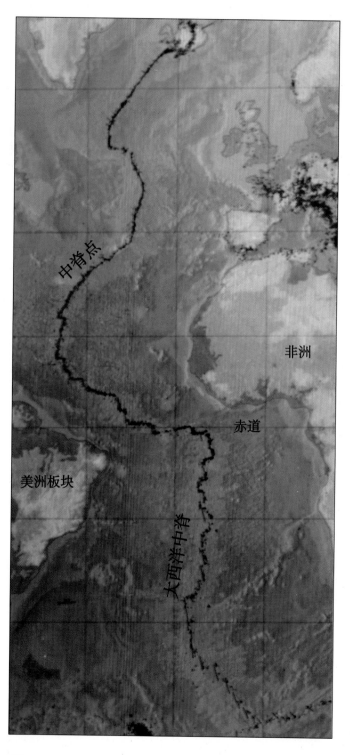

在冰岛东北部克拉夫拉火山周围很容易看到板块移动的结果。在这里，已存在的地面破裂带已经变宽，并且每隔几个月就会有新的破裂出现。从 1975 年到 1984 年，沿着克拉夫拉火山裂缝区有大量断裂现象发生。有些断裂现象伴有火山活动，地表面先是逐渐抬升 1~2m，然后突然下沉，这预示着火山即将喷发。在此期间，由断裂引起的位移共有 7m 长（图30～图31）。

图28　大洋中脊几乎从北到南将整个大西洋分裂成两部分，是离散板块边界最著名和最具研究价值的地区（选自《动态行星》一书插图）

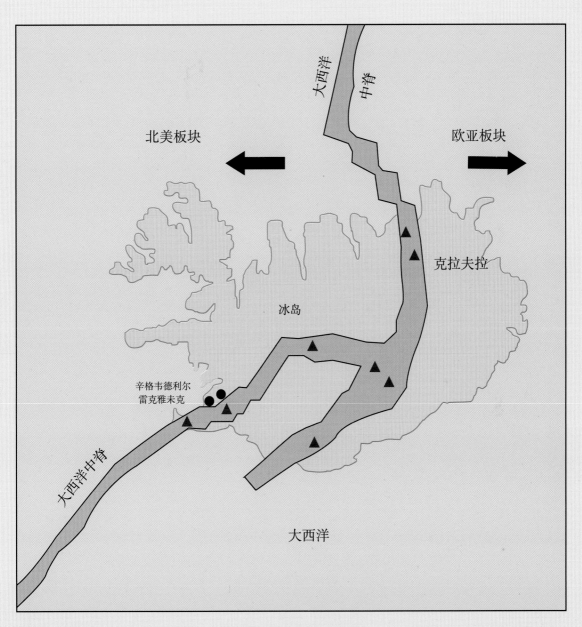

图29 该图显示大洋中脊将冰岛分裂，将北美和欧亚板块分离的情况。同时也给出了冰岛首都雷克雅未克和辛格韦德利尔地区以及冰岛一些活火山（▲）的位置，包括克拉夫拉火山

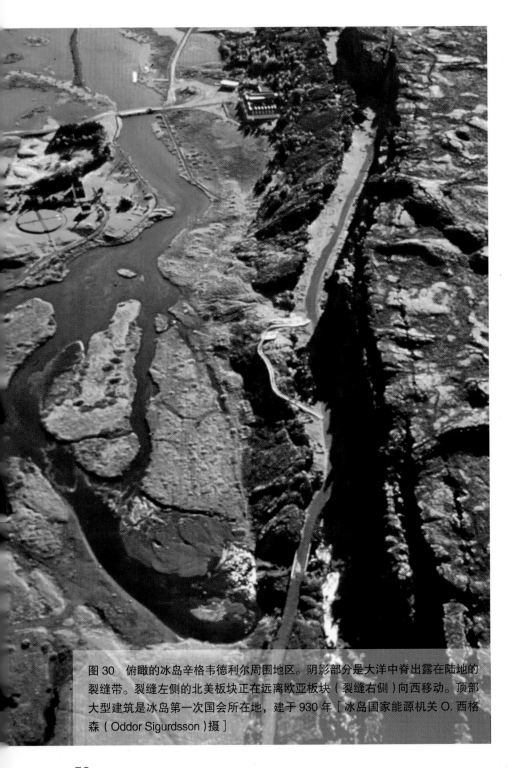

图 30　俯瞰的冰岛辛格韦德利尔周围地区。阴影部分是大洋中脊出露在陆地的裂缝带。裂缝左侧的北美板块正在远离欧亚板块（裂缝右侧）向西移动。顶部大型建筑是冰岛第一次国会所在地，建于 930 年［冰岛国家能源机关 O. 西格森（Oddor Sigurdsson）摄］

图 31 1980 年 10 月克拉夫拉火山喷发期间裂缝中喷出的熔岩（5~10m 高）[冰岛雷克雅未克北欧火山研究所 G.E. 西格瓦尔达森（Gudmundur E. Sigvaldason）摄]

在东非，洋底扩张过程已将沙特阿拉伯同非洲大陆分开，形成了红海。正在不断分裂的非洲板块与沙特阿拉伯板块在地质学家所称作的三重连接区（三连点）相遇，在这个连接区红海与亚丁海湾相汇合。沿着东非裂谷区，一个新的扩张中心也许正在非洲下面形成（图32）。当拉伸超过地壳的极限，地表面就会显示出张力破碎带。在拉宽的破碎带岩浆上升、冷却，有时喷发出来并形成火山（图33～图34）。上升的岩浆无论是否喷发出来，都会对地壳有额外的压力，并产生断裂，最终形成裂谷。

东非也许是地球的下一个海洋。在这里，板块的相互作用给科学家们提供了一个机会，去研究2亿年前大西洋是如何开始形成的。地质学家相信，如果扩张继续下去，相汇于非洲大陆边缘的三个板块将会完全分开，这样印度洋就会填充这一区域，并使非洲最东端的拐角处（非洲之角）变成一个大的岛屿。

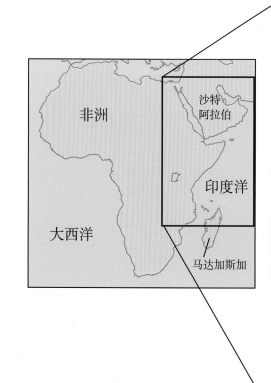

图32 该图显示东非历史上的活火山（▲）和阿法尔三角（中间阴影部分）——所谓的三重连接处。在那里三个板块相互分离：即阿拉伯板块和非洲板块的两部分（努比亚和索马里）正在沿着东非裂谷带分裂

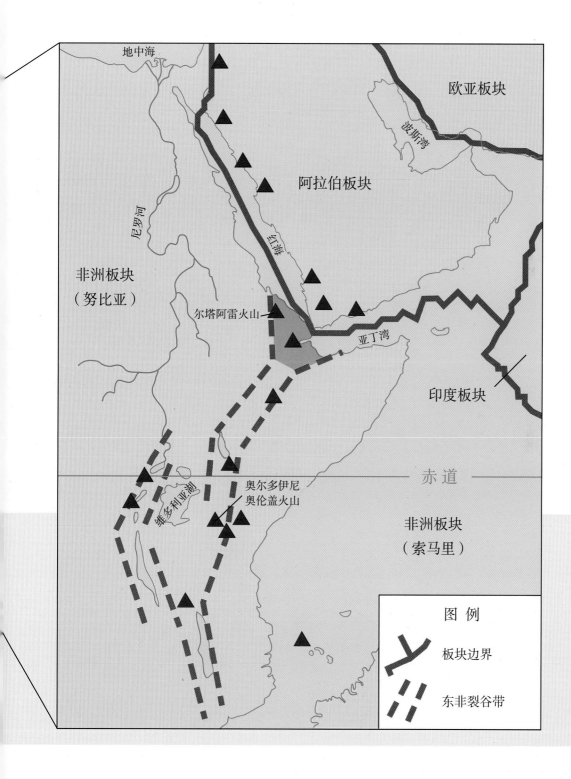

图33 1994年2月在直升机上俯瞰的东非裂谷带中活火山之一——尔塔阿雷火山（埃塞俄比亚）顶峰火山口内的活性熔岩湖。两个戴头盔的身着红色服装的火山学家正在观测火山活动情况。火山口内的红色部分表明那里已经融化的熔岩正冲破熔岩湖凝固的黑色岩壳［J. 杜里克斯（Jacques Durieux），G.V. 阿克蒂夫斯（Groupe Volcans Actifs）摄］

聚合型边界

在过去的 6 亿年里，地球的大小没有发生太大的变化，和它在 46 亿年前形成时的大小差不多。地球大小的不变暗示着正如赫斯所猜想的那样，地壳消减的速率与其增生的速率几乎是相等的。地壳的这种消减发生在聚合型边界上，在这样的边界上板块相向移动，有时一个板块俯冲到另一个板块下面。发生俯冲的地方就叫俯冲带。

板块之间的聚合（一些人视为一个非常缓慢的"碰撞"）类型取决于其所在的岩石圈种类。聚合可能发生在大洋板块和大陆板块之间，也可能发生在两个大洋板块或两个大陆板块之间。

海–陆板块聚合

假如能魔术般地把太平洋的水排干，那么我们就会发现一个惊人的景象——在洋底有许多狭长弯曲的海沟，这些海沟可长达上千千米，深达 8~10km。海沟是海洋最深的部分，是由板块俯冲造成的。在南美洲沿海有一条秘鲁–智利海沟，这条海沟是由纳斯卡板块（大洋板块）俯冲到南美洲板块之下造成的（图 35）。

图 34　1966 年猛烈喷发的东非裂谷带的另一个火山——奥尔多伊尼奥伦盖火山 [G. 戴维斯（Gordon Davies）摄，纽约坎顿圣劳伦斯大学 C. 尼亚默鲁（Celia Nyamweru）提供]

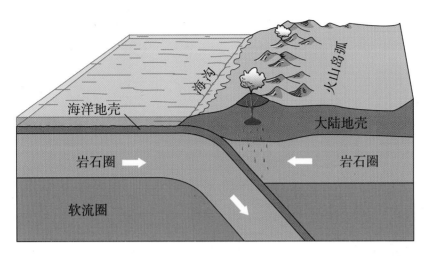

图 35　海－陆板块聚合

　　南美洲海岸，纳斯卡板块正在沿着秘鲁－智利海沟向南美洲板块的大陆部分的底部插入并消减。转过来，逆掩向上的南美洲板块正在被拱起，产生这个大陆的屋脊——高耸的安第斯山脉（图36）。该地区经常发生强烈的破坏性地震和山脉的快速隆起。尽管纳斯卡板块整体不断沉入到海沟，但消减带的最深部分破碎成小块，这些较小的块体长期锁定在适当的地方，直到突然运动，产生大的地震。这样的大震通常伴有高达几米的陆地隆起。

　　1994年6月9日，在玻利维亚拉巴斯东北部约320km处发生8.3级地震，其震源深度为636km。该震是南美洲记录到的在纳斯卡板块和南美洲板块之间的消减带中发生的最大最深的地震之一。很幸运，尽管这次大地震有感范围远至明尼苏达州和加拿大的多伦多地区，但是由于其震源深度很深，并没有造成大的破坏。

图36 纳斯卡和南美板块的汇聚带变形并将石灰岩向上推移，形成安第斯山峰［美国地质调查局 G. 埃里克森（George Erickson）摄］

海洋－大陆汇聚会造成许多活火山，如安第斯山脉、太平洋西部的卡斯卡迪山脉等（图 37）。其喷发活动明显与俯冲有关，但是科学家们激烈地争论着可能的岩浆源问题：岩浆是由俯冲的海洋板片的部分融熔产生的？还是由逆掩的大陆岩石圈产生的？或者由这两者同时产生的呢？

洋－洋板块聚合

正如海－陆聚合一样，当两个海洋板块汇聚时，一个板块经常俯冲到另一板块底部，并在这个过程中形成一条海沟（图 38）。比如马里亚那海沟（平行于马里亚那群岛）就是移动速度较快的太平洋板块与速度较漫的菲律宾板块汇聚的结果。马里亚那海沟南端的挑战者海渊深度达到了地球的内部（近 11000m），其深度超过了世界上海拔最高的珠穆朗玛峰（约 8854m）。

洋－洋板块俯冲的过程还会导致火山形成。经过数百万年的时间，喷发的熔岩和火山灰堆积在洋底，形成一个火山岛。这样的火山岛典型地成链状排列，叫做岛弧。正如其名字所表明的那样，接近而又平行于海沟的岛弧一般是弯曲形状的。这些海沟是了解岛弧，如马里亚那和阿留申群岛是怎样形成的和为什么它们经历无数次强烈地震的关键。形成岛弧的岩浆是由下降板块或上覆海洋岩石圈的部分融熔产生的。当两个板块相互作用时，下降的板块还会产生应力源，导致中等或强烈地震发生。

陆－陆板块聚合

喜马拉雅山脉是最明显、最突出的板块运动的结果。当两个大陆板块相互碰撞时，没有俯冲现象。因为大陆岩石相对较轻，就像两个冰山相碰撞一样，都拒绝向下运动，导致陆壳趋于弯曲，被向上或向两侧推动（图 39）。5000 万年以前，印度与亚洲的碰撞导致欧亚板块皱起并且覆盖印度板块。碰撞之后，两个板块经过百万年的不断的慢速聚合，将喜马拉雅山和青藏高原推上现在的高度（图 40）。其中大多数高度是在过去的 1000 万年中增长的。喜马拉雅山脉高峰海拔 8854m，是世界上最高的大陆山脉。此外，它的邻居青藏高原，平均高度 4600m，除了布朗峰和罗莎山以外，它比阿尔卑斯山的所有山峰都高，也远远高于美国的大多数山峰。

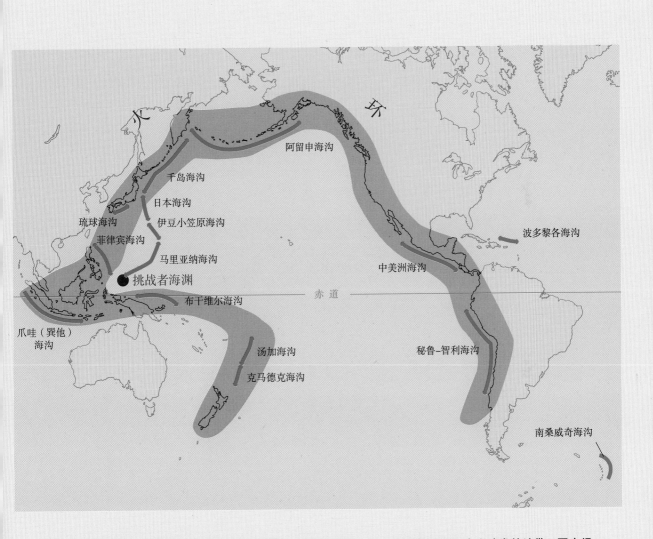

图 37 太平洋盆地周围的火山岛弧和海沟形成了所谓的火环，即一个频繁地震和火山喷发的地带。图中绿色的是海沟。尽管火山岛弧没有做标记，但它们总是朝向陆地，与海沟平行。例如与阿留申海沟相关的岛弧由阿留申群岛的火山长链构成

图 38　洋 – 洋板块聚合

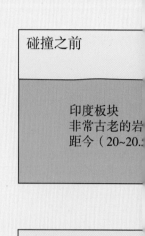

碰撞之前

印度板块
非常古老的岩
距今（20~20.

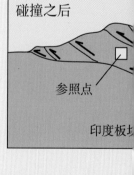

碰撞之后

参照点

印度板块

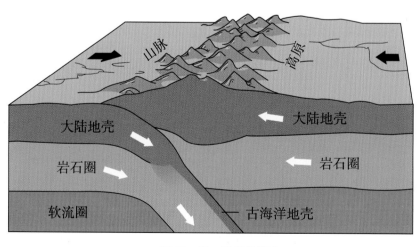

图 39　陆 – 陆板块聚合

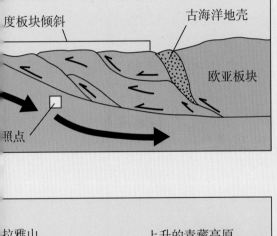

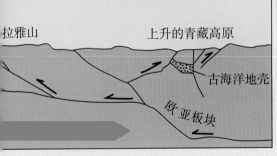

图 40

左图：印度板块与欧亚板块相遇碰撞前后的剖面草图。参照点（小方框部分）表明该山脉在隆起过程中地壳中想象点向上隆起的程度

右图：印度与欧亚板块之间的碰撞，使喜马拉雅山脉和青藏高原抬升

喜马拉雅山脉：两个大陆板块碰撞的结果

高耸的喜马拉雅山脉是最显著的板块构造力的产物，它沿着印度与西藏板块边界延伸2900km。这一巨大山脉形成于（4000~5000）万年以前，当时两个巨大的板块——印度板块和欧亚板块，在板块运动的驱动下相互碰撞。由于这两个大陆板块有着大约相同的岩石密度，所以一个板块不可能俯冲到另一个板块下部。板块撞击的压力只能通过仰冲来解除，从而使碰撞地带褶皱扭曲，形成了锯齿状的喜马拉雅山峰。

大约在2.25亿年前，印度是位于澳大利亚沿海的一个大岛屿。一个巨大的海洋（叫做古地中海）使印度与澳洲大陆分离。大约在2亿年前，当古陆桥分离时，印度开始向北突然加速前进。根据历史研究和古地中海的最终闭合，科学家们复原了印度向北移动的旅程。大约在8000万年前，印度位于亚洲大陆南部约6400km处，以每世纪约9m的速度向北移动。约在（4000~5000）万年以前，当印度迅速移到亚洲时，向北的前进速度减半（图41）。板块碰撞和移动速度的减小，其标志是喜马拉雅山开始迅速隆起（图42）。

喜马拉雅山脉和青藏高原的北部已经迅速升高，只在5000万年间，珠峰就上升了9km。两个陆块的撞击尚未结束。喜马拉雅山脉继续以每年大于1cm的速度升高——每百万年上升10km！如果这样，为什么喜马拉雅山脉没有上升更高？科学家们认为欧亚板块目前可能处于拉伸状态，而不是挤压状态，这种拉伸会因为重力原因导致某些下沉。

在拉萨北部50km处，科学家们发现了含有岩浆物质颗粒的粉红色砂岩，它记录了地球突发性地磁场反转模式。这些砂岩还包

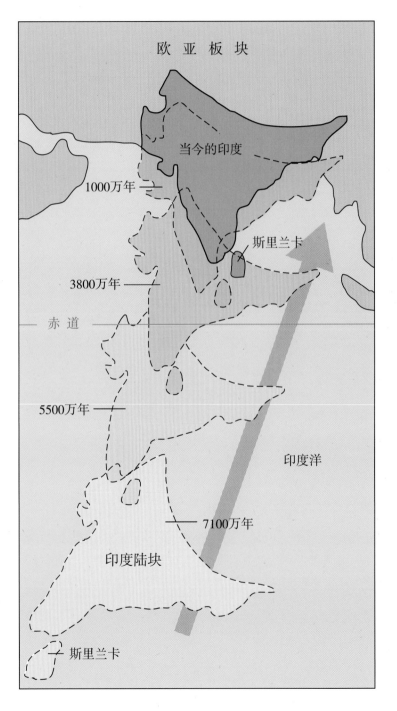

图 41　大约在（4000~5000）万年之前，印度陆块（印度板块）与亚洲（欧亚板块）碰撞之前进行了长达 6000 多千米的旅程。印度曾经正好位于赤道的南部，在澳大利亚大陆附近

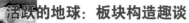

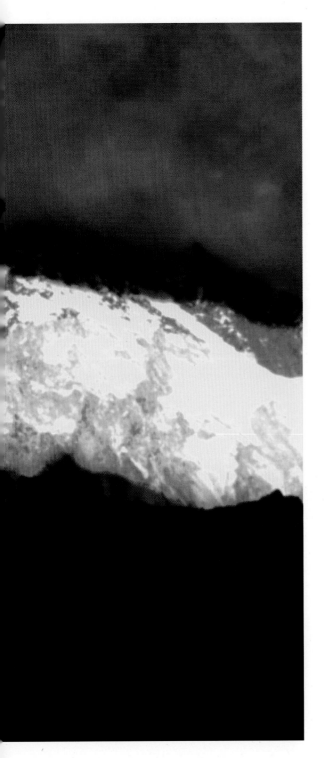

图 42 从尼泊尔洛布奇（索卢昆布）村庄眺望的夕阳中白雪覆盖的珠穆朗玛峰

括古地中海周期性淹没这一地区时沉积的植物和动物化石岩层。研究这些化石不仅可以揭示它们的地质年代，而且也揭示出它们形成中的环境和气候。例如，研究表明这些动植物过去生活在相对温暖潮湿的环境中，大约生活在 1.05 亿年前，当时西藏接近赤道。今天，西藏的气候已经变得非常干燥，反映出该地区隆起并且向北漂移近 2000km。在砂岩层发现的化石给出了由于在过去的 1 亿年中板块运动造成西藏地区气候变化的明显证据。

目前，印度板块运动继续给亚洲大陆施加巨大压力，而西藏压在包围它的北部板块之上。作用在这种复杂地质地区的板块构造力的网络效应会挤压亚洲部分地区朝着太平洋方向向东移动。这些过程的严重结果是致命的多米诺效应：在地壳内部产生的强大应力，沿着无数裸露断层以地震的形式周期性地释放出来。世界上一些破坏性最大的地震与不断的构造过程有关，这一构造过程开始于约 5000 万年以前，当时印度与欧亚大陆首次相遇。

67

转换边界

两个板块相互水平滑动的区域称为转换断层边界，或简称为转换边界。转换断层概念最初是由加拿大地质学家 J.T. 威尔逊（J.Tuzo Wilson）提出来的。威尔逊认为这些大断层或破裂区域连接着两个扩张中心（离散型板块边界）或两个海沟（聚合型板块边界）。大多数转换断层都是在洋底发现的。它们通常使活动扩张山脊断错，产生"之"字形板块边缘，一般发生浅源地震。有些转换边界也出现在陆地，如加利福尼亚圣安德烈斯断层。该断层连接着东太平洋脊（向南延伸的离散型边界）和南戈达－富安德富卡海岭（向北延伸的离散型边界）。

圣安德烈斯断层长约 1300km，在一些地方宽可达数十千米，它将加利福尼亚的三分之二切割了下来。1000 万年来，沿着这条断层太平洋板块以每年约 5cm 的平均速率一直在与北美板块相互水平滑动。断层西边（在太平洋板块上）相对于断层东边（在北美板块上）正向西北方向移动（图 43 ~ 图 44）。

海洋断裂带是使扩张洋脊水平断错的洋底深沟，一些断裂长度可达几百至几千千米，深度可达 8km。这些大的断层包括加利福尼亚和墨西哥沿岸太平洋东北部的克拉里昂、莫洛凯和派尼尔破裂带。目前这些断层都处于不活动状态，但是其磁条带断错模式提供了以前转换断层活动的证据。

板块边界区

并非所有的板块边界都像以上所讨论的几种边界类型那样简单。在一些地方，其边界很难确定，因为那里的板块运动变形会在辽阔地带（叫做板块边界带）之上扩展。位于欧亚板块和非洲板块之间的地中海——阿尔卑斯山脉就是这样的区域。在这里已经发现了一些板块的小碎片。因为板块边界区至少涉及到两个大的板块和一个或多个处于大板块之间的微型板块，所以这一边界区的地质构造和地震模式都很复杂。

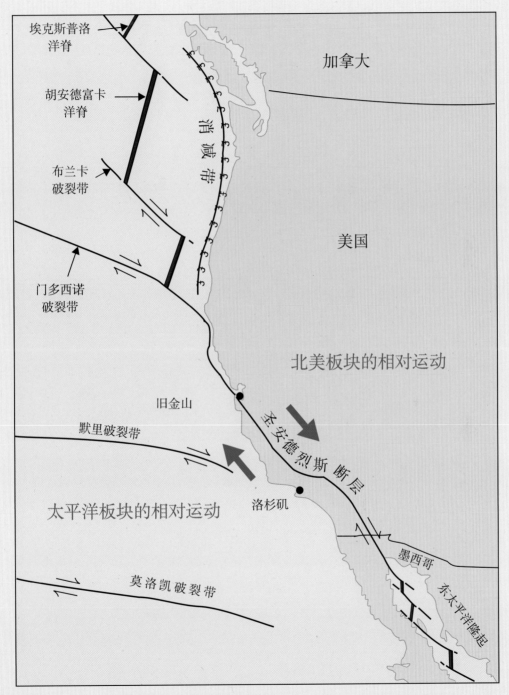

图43　布兰卡、门多西诺、默里和莫洛凯破裂带是使海底和断错山脊破裂的转换断层的一部分。
圣安德烈斯断层是出露在陆地上的转换断层之一

移动速率

如今我们可以测量构造板块的移动速率，但是科学家们怎样知道远古地质年代板块运动的速率呢？海洋是解决这一问题的关键之一。因为洋底磁条带记录着地球磁场的反复变化，所以如果科学家们知道了每一转变的大概持续时间，就能够计算出某一时期板块运动的平均速率。这些板块分离的平均速率有一个很宽的范围。北极区洋中脊的分离平均速率最慢（每年低于 2.5cm）；位于智利西部 3400km 处，南太平洋复活节岛附近的东太平洋海隆的分离速率最快（每年高于 15cm）（图 45）。

从地质区划图中也可以获得板块过去运动速率的证据。如果知道板块边界某一边一块岩石的形成年代（通过特殊的构成、结构或化石），就可以相应地在边界的另一边找到相同年龄的同类岩石，然后测出这两块岩石之间的距离，这样就可以估算出板块移动的平均速率。这种简单却又有效的技术已被用于测量离散型边界板块移动速率，如大西洋中脊和转换边界（如圣安德烈斯断层）。

当前，通过地表和空间大地测量方法，可以直接追踪板块的运动。大地测量学是测量地球大小和形状的学科。基于地表的测量采用传统的却非常精确的激光电子仪器勘察技术。然而因为板块运动是大规模的、全球性的，所以最好用卫星方法去测量。20 世纪 70 年代末，曾经有一个空间大地测量学的快速发展期。空间大地测量指的是为了获得精确的结果，反复测量仔细选择的地球表面相距成百上千千米的点。最常用的三种空间测量技术分别是甚长基线干扰测量 (NLBI)、卫星激光测距 (SLR) 和全球定位系统 (GPS)。这些空间测量技术源于军事技术和空间研究成果（如著名的射电天文和卫星跟踪技术等）。

在这三种技术中，GPS 是研究地壳运动的最好方法（图 46 ~ 图 47）。作为美国国防部海事卫星系统的一部分，在地球上空 20000km 的轨道上，有 21 颗卫星。这些卫星不断向地球发射着电磁信号。为了确定某一点的精确位置（经度、纬度和海拔），每一个 GPS 地面站必须同时接收至少 4 颗卫星的信号。当接收到这些信号时也就知道了这一点的确切位置。通过反复测量一些特殊点间的距离，地质学家就能确定沿着断层或在板块交接处是否有活动，他们正在定期测量环太平洋地区 GPS 站

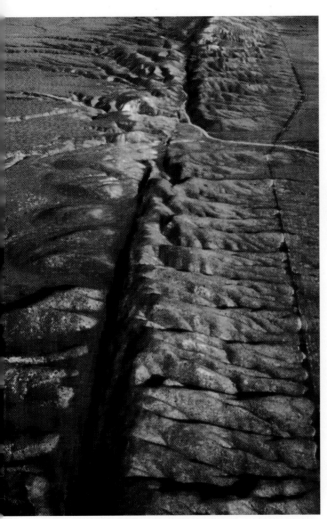 

图44 空中俯瞰的穿过卡里佐平原的圣安德烈斯断层，该平原位于圣路易斯奥比斯波市东部的坦布洛山脉［美国地质调查局 R.E. 华莱士（Rokert E. Wallace）摄］

图45 一个神秘的给人印象深刻的巨人头石像，约高 5m 重 14 吨，耸立在智利复活节岛上，由古波利尼西亚人用火山岩石雕刻。复活节岛位于纳斯卡板块上，紧邻东太平洋海隆，由于海底扩张，正在向东朝着南美方向快速移动［智利圣地亚哥美国大使馆 C. 卡普罗（Carlos Capurro）摄］

点之间的距离变化。通过监测太平洋板块和周围的一些比较大的大陆板块之间的相对变化，科学家希望知道更多有关环太平洋地区地震和火山喷发的原因。空间大地测量资料已经证明，近几年板块运动的平均速率和方向与几百万年前的平均速率和方向一致。

图46　艺术家想象的全球定位系统（GPS）卫星在轨道中运行的情景［美国国家航空航天局（NASA）提供］

图 47　GPS 地面接收器。安装在奥古斯丁火山（库克湾，阿拉斯加）侧面，记录着由 4 个或更多轨道的 GPS 卫星发出的信号［美国地质调查局 J. 斯瓦克（Jerry Svarc）摄］

"热点"：地幔热柱

　　大多数地震和火山喷发都发生在板块边界附近，但是也有一些例外的情况。例如，完全是火山成因的夏威夷群岛形成在太平洋中部，距最近的板块边界超过3200km。那么该群岛和其他一些在板块内部形成的火山是怎样成为板块构造的一部分的呢？

　　1963年发现转换断层的加拿大地球物理学家 J.T. 威尔逊（图48）提出了独创性的想法，即目前众所周知的"热点"理论。威尔逊注意到在世界上某些地区，如夏威夷地区，活跃的火山活动一直持续了很长时间。他推测这只能发生在相对较小、持续时间长、特别热的地区，即所谓的热点地区。这样的地区位于那些能够提供局部高热能能源（地幔热柱）的板块底部，维持着火山活动。威尔逊特别假设了夏威夷群岛—帝王海山链与众不同的线性形状是太平洋板块在地幔深处固定热点上运动的结果。该热点位于当今夏威夷岛的底部。来自于该热点的热量在一定程度上融化了太平洋逆掩板块，产生了持久的岩浆源。该岩浆比周围的岩石轻，因此它会穿过

图48 J. T. 威尔逊 (1908~1993)，在 20 世纪 60~70 年代为板块构造理论作出很大贡献。他去世之前一直是加拿大科学界的主力（安大略科学中心提供）

地幔和地壳向上升，然后喷发到海底，形成活动海山。时间久了，无数次喷发使海山增长，最后会高出海平面，形成火山岛。威尔逊提出板块的不断运动会将岛屿带到远离热点的地方，使它与岩浆源切断，火山活动就会停止。当一个火山岛变为死火山时，另一个火山岛会在热点上发展，如此重复。火山生长和死亡的过程跨越数百万年，在太平洋底留下了火山岛和海山很长的痕迹（图49 ~ 图52）。

根据威尔逊的热点理论，夏威夷火山链应该是距离热点越远越古老，而且越会被侵蚀。夏威夷群岛西北端的考爱岛上最古老的火山岩大约有 550 万年，并且深受侵蚀。经比较，夏威夷大岛（该山脉最东南部而且可能仍位于热点之上）上最古老的出露岩石还不到 70 万年，并且新的火山岩在不断形成。

图 49　夏威夷岛的空中摄影。"夏威夷热点"狭长的火山痕迹的最南端部分。右下角是考爱岛，左上角是夏威夷大岛。注意顶部的地球曲率（美国国家航空航天局提供）

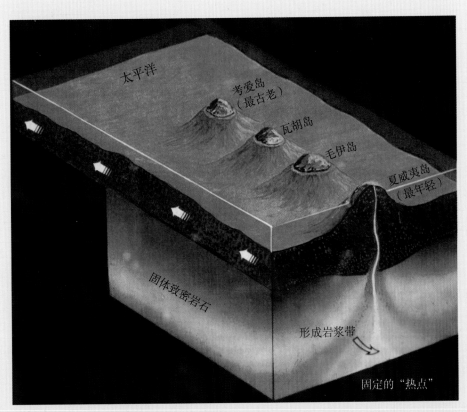

图 50　太平洋板块在固定的"夏威夷热点"上的运动，解释了夏威夷帝王海山链的形成［根据法国火山中心 M. 克拉夫特（Maurice Krafft）提供的图片改编］

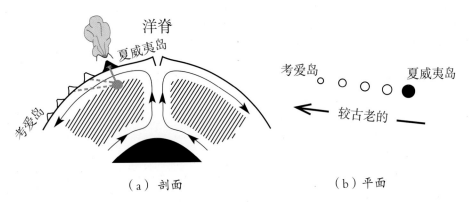

图 51　1963 年出版的 J.T. 威尔逊绘制的原图（稍作修改），显示了夏威夷岛的起源（经《加拿大物理学报》同意再版）

图52　从美国地质调查局夏威夷火山观测站见到的夏威夷岛白雪覆盖的高4169m的莫纳洛瓦火山。由夏威
夷热点火山机制产生的世界上最大的、典型的盾形火山［美国地质调查局 R.I. 蒂林（Robert I. Tilling）摄］

J.T.威尔逊：发现转换断层和热点

加拿大物理学家 J.T. 威尔逊在板块构造理论的发展进程中也起着关键作用。他对魏格纳的运动地球的见解非常感兴趣，并且深受赫斯的振奋人心的想法影响。20 世纪 60 年代初，威尔逊非常渴望将新理论用到正在酝酿的地球科学的革命中。威尔逊是在 20 世纪 30 年代末结识赫斯的，当时他正在普林斯顿大学读博士学位，赫斯是那里一位充满活力的年轻讲师。

1963 年，威尔逊发展了板块构造理论，他提出夏威夷和其他火山链可能是由于地幔中固定"热点"之上的板块运动而产生的。这一假设消除了板块构造理论的明显矛盾——活火山出现在距最近板块边界数千千米之处。后来的数百次研究证实威尔逊是对的。然而，在 20 世纪 60 年代初期，他的这一观点被认为是激进的，以至于他的关于热点的论文遭到所有主要国际科学杂志的拒绝。最后，这篇论文于 1963 年在一个相对不引人注目的《加拿大物理学报》上发表，成为板块构造理论发展的里程碑。

两年之后，威尔逊又发表了另一篇对板块构造理论发展有重要意义的论文。他提出一定存在第三种类型的板块边界来连接海岭和海沟，并且可能突然终止而转变成水平滑动的主断层。众所周知，圣安德烈斯断层就是这样的转换断层。不像海岭和海沟那样，这些转换断层使地壳水平断错，既不产生也不吞没地壳。

1946~1974 年，威尔逊是多伦多大学的地球物理学教授，他退休后，成为安大略科学中心的导师。他是一位不知疲倦的学者和旅游者，直到他 1993

年去世。像赫斯一样，随着海底动力学和地震学知识的显著增加，威尔逊看到了他的热点和转换断层的理论得到承认。他和其他科学家，包括 R. 迪茨,H. 赫斯，D. 马修斯以及 F. 瓦因，是 20 世纪 60 年代中期板块构造理论发展初期的主要缔造者。该理论如今和 30 年前首次推出一样激动人心。非常有趣的是，50 多岁是威尔逊科学生涯的巅峰时期，他把他的真知灼见贡献给了板块构造理论。如果阿尔弗雷德·魏格纳不是在 50 岁时（他的科学研究初期）去世，板块构造革命可能会开始得更早些。

夏威夷群岛东南部比较年轻，这一推断是在科学研究以前很久由古代夏威夷人猜测的。在他们航海期间，远航的夏威夷人注意到侵蚀、土壤形成以及植被间的不同，并认识到西北部的岛屿（尼豪岛和考爱岛）比东南部（毛伊岛和夏威夷）的岛屿古老。这一看法在火山女神 Pele 的传说中代代相传。Pele 原先住在考爱岛上，当她的姐姐 Namakaokahai 海神攻击她时，Pele 逃到瓦胡岛，当被再次攻击时，Pele 又逃到毛伊岛的东南部，最后到了夏威夷，就是她现在居住的基拉韦厄火山顶的哈雷莫莫火山口。火山女神 Pele 的逃奔路线，暗示火山喷发产生的火山岛屿和后来被海浪侵蚀之间的不停活动，与几百年后获得的地质证据一致，明显表明该岛屿正在从西北到东南变得年轻起来。

尽管夏威夷可能是最著名的热点，但人们认为在海洋和大陆底部仍存在其他热点。在过去的 1000 万年间，地壳下部的 100 多个热点是活动的。它们中的大多数位于板块内部（如非洲板块），但是一些出现在离散板块边界附近，一些集中在大洋中脊附近，如冰岛、亚速尔群岛、加拉帕戈斯群岛等地的底部（图 53）。

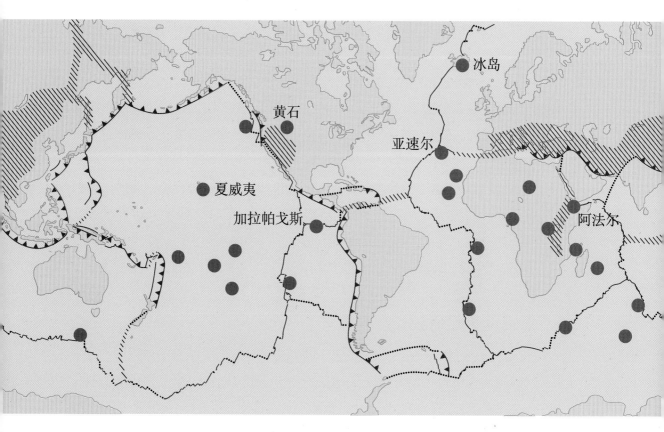

图例

—— 离散板块边界。当板块相互分裂时，产生新的地壳

▲▲▲▲ 聚合板块边界。当一个板块俯冲到另一个板块下面时，地壳消失在地球内部

········· 转换板块边界。当板块相互水平滑动时，地壳既不产生，也不会被破坏

▨ 板块边界带。形变扩散且边界没有明显界限的宽阔地带

● 主要热点

图 53　挑选出的显著热点世界分布图；标出的热点文中已经提到（根据《动态行星》一书插图改编）

　　人们认为在北美板块底部存在一些热点，最广为人知的可能是所推测的怀俄明州西北部国立黄石公园地区大陆地壳的热点。这里有几个破火山口（伴随火山喷发的地面塌陷形成的火山口），它们是在过去 200 万年间经过 3 次强大的喷发而产生的，最近的一次喷发发生在大约 60 万年前。地图上显示来自这些强大喷发的火山灰沉积已远至洛瓦、密

苏里、得克萨斯甚至墨西哥北部地区。所推测的黄石热点的热能可以为 1
万多个热水池、温泉、间歇泉、泥喷泉等提供热量。该火山口底部仍然存
在着一个大的被地热系统覆盖的岩浆体（高压蒸汽或热水地带）。最近的调
查表明，黄石公园部分地区每年起伏可达 1cm，表明该地区地质活动没有
停止。然而，这些测量的地面运动最可能反映出的是热液压力变化，而不
一定是该地区火山活动复活的信号。

目前，人们广泛接受夏威夷存在热点。尽管最近进行了一些研究，但
对其他热点的精确数字和位置很少有科学的一致意见，甚至所推测的黄石
底部的热点，这一最好的大陆热点之一，仍然被认为，特别是被了解美国
西部地质的科学家认为是纯理论的东西。

夏威夷热点的狭长痕迹

在过去 7000 万年以来，岩浆的形成与火山喷发、增长的过程以及太平
洋板块在稳定的夏威夷"热点"上的不断运动，在太平洋底留下了一条狭长
的痕迹。夏威夷—帝王海山链从夏威夷的"大岛"至阿拉斯加海岸的阿留申
海沟延伸约达 6000km（图 54）。夏威夷群岛本身只是该海山链很小的一部分，
而且在由 80 多个火山组成的巨大海底山脉中是最年轻的群岛。夏威夷海岭
的长度，即从大岛至西北部中途岛的长度相当于从首都华盛顿至科罗拉多
丹佛的距离（2600km）。据估算，形成夏威夷—帝王海山链的熔岩喷发总量
至少为 $750000km^3$——相当于用 1.5km 厚的熔岩覆盖整个加利福尼亚州。

该海山链的急转弯处表明，太平洋板块大约在 4300 万年以前突然变化，
从它最初的北部方向朝西部方向转去。究竟为什么改变方向尚不清楚，但
是该变化可能与某些与它同时开始变化的亚洲大陆与印度板块碰撞有关。

由于太平洋板块继续向西—西北方向运动，夏威夷岛会被板块运动带
到热点以外地区，在原地区会形成新的火山岛屿。事实上，这一过程可能
正在进行。洛伊希海山（Loihi Seamount）这一海底活火山正在夏威夷南海
岸外 35km 处形成。洛伊希海山已经上升高出海底约 3km，高出海洋表面

1km。根据热点理论，假定它继续上升，会成为夏威夷山脉的下一个岛。在将来的地质上洛伊希海山可能与夏威夷岛融为一体，现在的夏威夷群岛由 5 个火山紧密结合而成，它们是科哈拉、莫纳克亚、华拉莱（Hualalai）、冒纳罗亚和基拉韦厄火山。

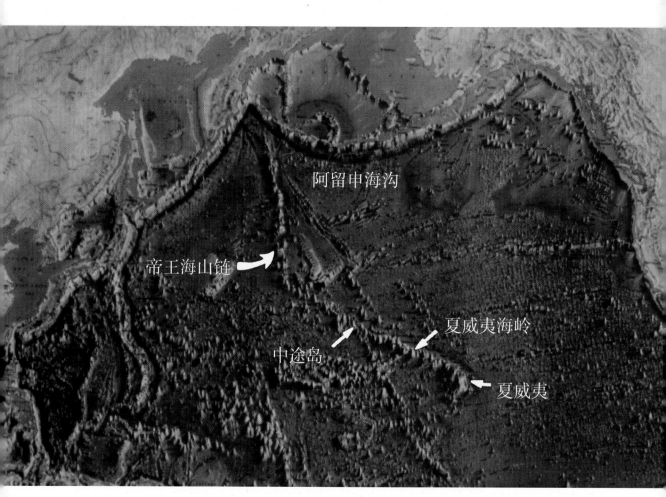

图 54 该图显示的是夏威夷热点火山痕迹的太平洋盆地部分——6000km 长的夏威夷—帝王海山链［由 1977 年 B. C. 希泽（Bruce C. Heezen）和 M. 撒普（Marie Tharp）出版的《海底世界》一书的地图复制］

尚未解答的一些问题

　　构造板块不会任意漂流或漫游在地球表面，它们是被目前尚未查明的力量驱赶着。虽然科学家们既不能精确地描述也不完全明白这是什么力量，但是大多数科学家认为驱赶岩石圈板块的浅部力量与地球更深部的力量关系密切。

什么力量驱动板块？

　　根据地震和其他地球物理学证据以及实验室的试验，科学家们普遍认同赫斯的理论，即驱赶板块的力量是热点以及位于刚性板块底部的塑性地幔的慢速运动形成的。这一观点最初是阿瑟·霍姆斯（Arthur Holmes）在20世纪30年代提出的，他是一位英国的地质学家，后来深受赫斯有关海底扩张理论的影响。霍姆斯推测地幔的循环运动使大陆沿着大致相同的路线运动，它很像一个传送带。那时魏格纳已经提出了他的大陆漂移理论，但大多数科学家认为地球是一个固体，其内部是不运动的。我们现在知道的更多一些。正如威尔逊在1968年所证明的那样："地球内部并不像表面看起来那样静止不动，它是活的、运动的物体。"地球表面和其内部都在运动。在岩石圈板块底部，某一深处地幔部分为融化状态，而且可以流动，尽管很慢，但反映了长周期的稳定力量。犹如固态钢铁，当受到热和压力时可以变软、变形。在过去的数百万年间，当地球内部受到热和压力时，地幔中的固体岩石也可以变软、变形。

刚性板块底部的移动岩石被认为是以循环的方式运动的，有点像一锅浓汤受热沸腾，热汤升到表面，溢出并开始冷却，然后下沉，在那里再次加热，然后再次上升。这一循环往复重复发生，从而产生科学家称为的"对流圈"。在沸腾的浓汤中很容易观察到对流，但激起地

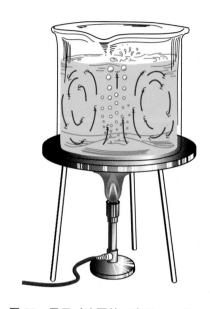

图55　显示对流圈的示意图。通常在沸腾的水或汤中见到这种情况。然而，这一比喻没有考虑这些对流圈的大小和流动速率的巨大差异

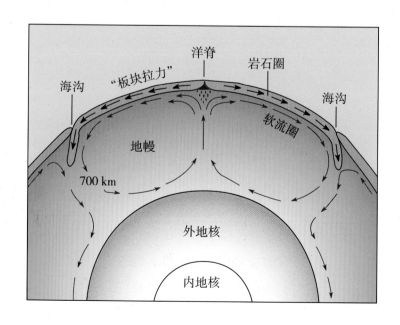

图56　假定的地幔对流圈概念图。约在700km深处，下降板块开始软化并流动，失去它的形状

球内部形成对流的过程则很难观测到（图 55 ~ 图 56）。虽然我们知道地球的对流运动比沸腾的浓汤要慢很多很多，但是还存在许多没有答案的问题，如有多少对流圈？它们在哪里？是怎样产生的？构造是什么？等等。

没有热源就不会发生对流。地球内部的热有两个主要来源：放射性衰变和剩余热。放射性衰变这一自然过程是测定岩石年龄的同位素方法的基础，它包括同位素（父母）核辐射的粒子以及新形成的元素（女儿）同位素。自然界放射性元素中的衰变，尤其是铀、钍、钾同位素的衰变会释放热量，这种热慢慢地向地表迁移。剩余热是在地球形成 46 亿年来宇宙岩石碎屑降落和压缩而产生的重力能。内部热的逃逸是怎样和为什么集中在某一地区并形成对流圈？这一问题目前仍是个谜。

直到 20 世纪 90 年代，关于驱动板块构造的主要解释强调地幔对流，大多数地球科学家认为海底扩张是其主要机制。由于重力作用，冷的、密度较大的物质向下流动，而较热、较轻的物质上升，这种物质运动是对流的重要部分。除对流力以外，一些地质学家还论证了岩浆侵入到扩张的洋脊，提供了一个附加力（叫做"洋脊推力"）来推动和维持板块运动。因此，板块消减过程被认为是次生的，逻辑上却在很大程度上是海底扩张的被动结果。然而，最近几年这一说法已经改变。多数科学家认为与消减有关的力比海底扩张的力更重要。上田诚也（东海大学，日本）教授，这位世界著名的板块构造专家在 1994 年 6 月一次关于板块消减过程的重要科学会议上的发言中总结道"消减在形成地壳结构和板块构造运动中起着比海底扩张更根本的作用"。由重力控制的使冷的且密度较大的海洋板块向消减带的下沉（叫做板块拉力）——拉着板块其他部分一起下沉，目前被认为是板块构造的推动力。

我们知道，地球内部深处的力推动板块运动，但是，我们可能永远不会彻底了解其详细情况。目前还没有提出可以解释板块运动所有问题的机制，因为这些力量隐藏得很深，没有办法可以直接试验来证明其确凿无疑。构造板块过去是运动的，而且现在仍然在运动，这一事实目前没有争议，但是，它们为什么和怎样运动的细节将继续挑战未来的科学家。

古陆桥裂开之前发生了什么？

目前很少有人完全了解超级大陆古陆桥裂开前后的板块构造运动。大多数科学家认为类似这样的过程早些时候肯定也发生过。然而，板块构造的前古陆桥历史很难解释，因为几乎所有的证据都被后来的地质和板块构造活动过程搞得很模糊，包括古老的海洋地壳消减带走了磁极反转和热点痕迹的记录。

过去板块构造的线索只能在当前的大陆上找到，如在岩石和化石中以及在2亿多年前的构造中找到。这是因为当前海洋地壳的平均年龄大约为5500万年，最古老的部分大约为1.8亿年，表明海洋地壳大概1.5亿年左右完全循环。经比较，当前大陆地壳的平均年龄为23亿年，最古老的岩石（陨石除外）为39.6亿年。这些最古老的岩石所包含的矿物（锆石）可能起源于更古老的大约43亿年前的岩石。

大陆由不同年龄、不同大小的岩石和化石（动物群和植物群）构成的地壳断块组成。大多数大陆由稳定的较古老的内部物质构成（称为克拉通），而克拉通边缘的地带主要由较年轻的、构造上较复杂的岩石组成。一些边缘带由古老的海洋岩石圈、火山弧或山脉的剩余物质组成——可以解释为前古陆桥板块的构造物质，该物质贴在克拉通地块之上。然而在其他地带，这种物质排列似乎完全混乱，直到现在地质学家也没有完全合理的解释。例如具有特定特征的岩石和明显年龄的化石剩余物质，可能位于相邻的或周围的其他剩余物质中，这些其他剩余物质具有完全不同的岩石和化石特征，即使它们可能具有相似的地质年龄，利用板块构造模型目前可以给这些奇特并存的地壳剩余物地带提供完全合乎情理的解释。

目前科学家们认识到大陆边缘通常是一个镶嵌岩石圈碎块的地带，经常被认为是板块构造运动期间相互碰撞的结果。岩石圈分裂的过程实际上是使另一板块破碎，成为贴在大陆上的物质，叫做堆积过程。这些物质可以来自大陆也可以来自海洋。如果它们足够大且具有相似的地质特征，这些碎块就叫做地体。这些地体似乎来自地质格格不入的外来或者猜想的地体，由板块碎块组成。破碎板块会漂流到很远的地方，然后与某些其他地体或大陆地块粘在一起。北美洲西部地区就是复杂地质地区的典型，被恰当地解释为几个远离的漂流地体的组合物，这些地体在古陆桥破裂之后聚集到一起（图57）。

最近几年，地体的研究（称为"地体构造"或"地体分析"）已经成为板块构造研究的特殊领域。相关研究表明，地球有史以来，板块构造运动一直在以某种方式进行，可能早在 38 亿年前就有运动。一个有趣而模糊的画面似乎正展现在我们面前：地球上曾先后存在数个形成超级大陆的运动周期，每个周期都发生过地壳的破碎和碎块的漂移。古陆桥本身可能是由分离的更古老大陆的聚集物组成的，这些聚集物是大约 5.5 亿年前的超级古大陆破碎后漂移回去的。

D.G. 霍威尔（David G. Howell）博士（美国地质调查局，加州门洛帕克）是地体的分析专家，他将这样的大陆运动贯穿于地球史的板块聚合分离、再聚合再分离过程，比喻为"岩石圈碰

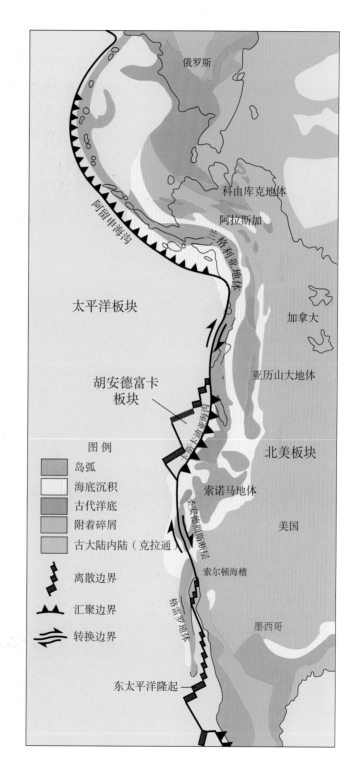

图57 北美洲西部的复杂地质结构。一些重要板块构造特征和镶嵌有厚厚的、沿着长期存在而稳定的大陆内部作长距离运动的外来地体（见正文）[根据海立方杂志提供的图片修改；原图由伍兹霍尔海洋研究所杰克·库克（Jack Cook）绘制]

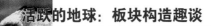
碰车"运动。然而存在一些重要不同点：该富有想象力的比喻忽略了这样的事实，即在公共游乐场的电动汽车可以独立活动，而不是集成系统的部分，它们的平均速度至少比板块运动的平均速度快 5 亿倍！

宇宙板块构造

地球在我们的太阳系中可能是独一无二的，因为它可能是唯一存在火山和构造活动的行星。因此，我们的行星依然非常活跃，而有的虽然早已不再活跃。火山活动需要热源，正是这种热源的溢出驱使板块构造运动。当火山活动在火星、月球以及可能在水星的早期历史中起主要作用时，由于相对于地球来说这些星球较小、热耗速率更快，导致内部热量损失。在过去的大约 10 亿年间，它们一直是不活动的球体（图 58）。

金星可能仍在活动，尽管其证据还有待确认。1979 年，金星先锋宇宙飞船检测到了其高层大气中的大量硫磺，这些硫磺在后来几年中减少。这一观测表明，集中在 1979 年的硫磺可能来自一次灾难性的事件——火山喷发。自 1990 年开始，由麦哲伦宇宙飞船制作的雷达图像揭示出了显著的火山特征和在大小和形状上类似地球上海沟的很长的深谷。

航海者号飞船在木卫 Io 表面上发现几个上升数百千米的火山热柱（木卫 Io 是木星的卫星之一，它的大小和月球相似）。科学家推测木卫 Io 上可能存在大片液态硫磺，它可能由木卫 Io 和木星之间的引力产生的潮汐力加热而成（图 59）。由这样的潮汐力产生的热能可能足以在木卫 Io 内部产生对流，虽然无人清楚地识别由这样的对流形成的任何表面特征。

木星的另一个卫星，木卫三的大小类似水星，其表面破碎成许多板块状的断块，一些断块之间有狭长的凹陷。这些表面特征是否代表古"化石"板块构造或正在形成的活动构造还有待于回答。测定板块构造是否正在木卫三上出现的关键是在其结冰的表面下部寻找深部的海洋证据。这样的水体如果存在，会对内部对流起作用。

热耗速率对于行星的构造活动来说是非常关键的。行星大小是一个决定因素：

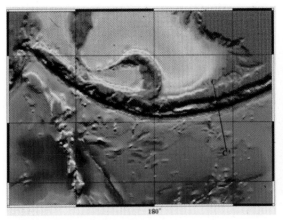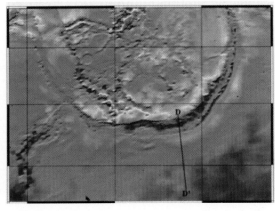

图 58

左图：计算机生成的阿留申海沟图像（紫色），暖色（黄色和红色）表明高地，冷色（绿色和蓝色）代表较低的隆起

右图：金星上类似海沟的阿尔特米斯科罗纳地形，与阿留申海沟相同的垂直和水平的比例绘制［经克里普斯海洋学研究所 D.T. 桑维尔（David T. Sandwell）同意刊登］

物体越大，失去热量越慢，因此会保持较长时间的活动。另一个因素是成分，它会影响物体对流的能力。例如，木卫三可能存在的液体内部更可能产生对流，并且比月球、水星、金星和火星的"石头"内部更易驱使板块构造活动。行星成分中大量的放射性元素也影响内部对流的可能性，因为这些元素的衰变会产生热量。很明显，月球、水星和火星内部或者太坚硬或者失去太多的内部热量以致于不能对流和驱使板块构造活动。

地球最终也会失去如此多的热量，以至于停止对流，地震和火山活动到那时会停止，不再形成新的山脉，造山活动的地质轮回、侵蚀、沉积作用和土壤形成等都会中断和停止。确切地说，一个已经冷却下来的地球将如何改变地质环境，那时我们的星球是否还可以居住，还没有人知道。幸运的是这些变化在数十亿年内还不会发生！

图 59 在木卫 Io 表面高约 150km 的二氧化硫气体火山热柱。这是 1979 年 3 月 4 日航海者号宇宙飞船拍摄的照片（美国国家航空航天局提供）

板块运动与人类生活

在地质年代中，板块运动与其他地质过程（如冰川、河流侵蚀等）一起，创造了一些自然界中的壮丽景观，尤其是喜马拉雅山、瑞士阿尔卑斯山以及安第斯山。然而，与板块构造相关的剧烈地震造成严重的灾难，如1976年中国唐山7.8级地震，使24万人丧生。

自然灾害

大多数地震和火山喷发不是偶然的，而是发生在特殊地区，如板块边界地区。环太平洋的"火环"就是这样的地区，在那里太平洋板块与周围许多板块相遇。"火环"地区是世界上地震活动和火山活动最活跃的地区。

地震

由于许多地方的主要人口中心位于活断层带附近，如圣安德烈斯断层附近，所以几百万人口遭受破坏性地震带来的人身和经济损失威胁，甚至亲历地震活动。一些人毫不怀疑地认为当大地震袭击时，加利福尼亚会突然"断裂"并"落到太平洋内"，或者地球会沿断层"张开嘴""吞掉"人们、汽车和房屋。这种想法无论怎样没有科学根据。尽管在大地震中经常发生地面滑动，但是地球不会张开。加利福尼亚不会沉入大海，因为断层带只有大约15km深，只是大陆地壳厚度的四分之一。再者，加利福尼亚由大陆地壳组成，其相对低的密度会使它升高，像海洋上的冰山。

正如所有的转换断层的板块边界一样，圣安德烈斯断层是走滑断层，沿着该断层的活动主要是水平活动。特别是圣安德烈斯断层带将太平洋板块和北美板块分开，这两个板块正在沿北 – 南方向慢慢地挤压。太平洋板块（该断层的西侧）正在相对北美板块（该断层的东侧）向北做水平运动。沿着断层带可以发现这两个地块横向移动的证据，正如从断层的两侧所见到的不同的地形、地质构造和地块那样。例如，圣安德烈斯断层沿旧金山半岛上的水晶泉水库而分布。在地形上，该水库填充的是一个很长很直的狭谷，它是由断层带内软弱的破碎岩石遭侵蚀形成的（图60~图61）。

沿圣安德烈斯断层的运动可以产生突然的振动或者很缓慢的叫做蠕动的稳定运动。正在蠕动的断层经常引起微破坏或没有破坏的中小型地震（图62~63）。这些蠕动断块被地震活动很少（称为地震空区）的断块分离，地震空区被卡住或锁在断层带之内。断层的锁止断块存储着大量的能量，这些能量可以在破坏性地震发生之前积累几十年甚至几个世纪。如1906年旧金山8.3级大地震沿着圣安德烈斯闭锁的430km长的断层破裂，自门多西诺角向南延伸到圣胡安包蒂斯塔（图64）。

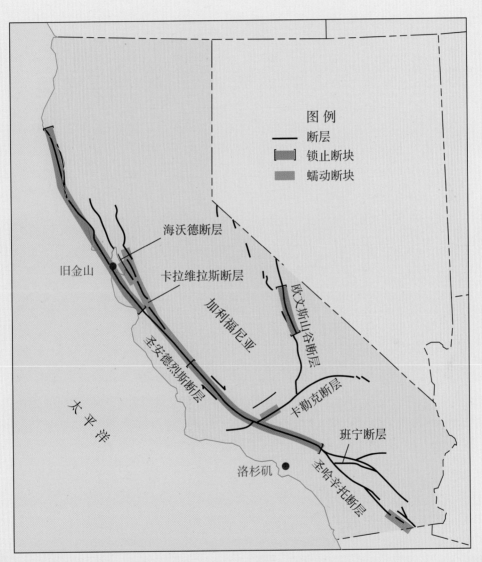

图例
断层
锁止断块
蠕动断块

海沃德断层
卡拉维拉斯断层
旧金山
加利福尼亚
圣安德烈斯断层
太平洋
欧文斯山谷断层
卡勒克断层
班宁断层
洛杉矶
圣哈辛托断层

图 60　加利福尼亚圣安德烈斯以及其他一些断层示意图。这些断块显示不同的特征：锁止或蠕动状态（见正文）（根据美国地质调查局第 1515 期专业论文集略编）

图 61　从空中向旧金山北部望去的水晶泉水库。该水库沿着圣安德烈斯断层分布［美国地质调查局 R.E. 沃兰斯（Robert E. Wallace）摄］

图 62 沿卡拉维拉斯断层的蠕动使挡土墙弯曲并使加州霍利斯特第5大街的人行道断错（大约在圣何塞东南南方向 75km 处）

图63　路边镶边石断错的特写镜头［W.J. 丘斯（W.Jacquelyne Kious）摄］

图 64　1906 年旧金山大地震期间被落下的碎石砸死的马。当时锁止状态的圣安德烈斯断层突然错动，引发 8.3 级破坏性地震［E. 欧文（Edith Irvine）摄，犹他州普罗沃大学提供］

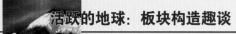
可以将沿断层锁止断块积累应力和突然释放想象为弯曲一根棍子直到其断开。棍子会相当容易地弯曲，直到某一个点，应力太大，棍子会突然折断。当棍子折断时会感觉到颤动，这表明存储的能量突然释放。同样，当地面突然破裂时产生的振动会从地球内部的叫做震源的破裂点发出。其震源的正上方的地理位置叫做震中。在主震中，能量释放可以引起距震中几百至几千千米地区的破坏。

1989 年 10 月，洛马普列塔 7.1 级地震发生于圣安德烈斯断层所在的断块，该断层自 1906 年旧金山 8.3 级地震以来一直是锁止的。尽管震源（距旧金山南部约 80km）位于圣克鲁斯山人烟稀少的地区，但是地震仍然造成 62 人死亡和近 60 亿美元的损失。洛马普列塔地震以来，该断层自阿雷纳港口保持锁止，通过旧金山南部海洋和旧金山湾西部半岛进入加利福尼亚，孕育着在人口更密集的地区存在发生潜在的破坏性地震的威胁。

然而，人们很少了解旧金山湾东部的海沃德断层会形成同圣安德烈斯断层一样的或更大的潜在威胁。从 1995 年 1 月 16 日日本神户 7.2 级地震引起的灾害电视画面来看，如果这样大的地震沿着海沃德断层发生，那么海湾地区的居民会看到类似的破坏场景。这是因为海沃德断层与产生神户地震的野岛断层在几个方面非常相似。它们不仅类型一样（走滑断层），而且长度相同（60~80km），两者都穿过人口密集的城市地区，这些地区拥有许多建筑物、高速公路以及其他建在不稳定的填海造陆地面上的构造物。

1994 年 1 月 17 日，美国历史上损失最严重的自然灾害之一——诺思里奇附近发生的 6.6 级地震，袭击了南加利福尼亚地区。诺思里奇位于加州洛杉矶北部著名的圣费尔南多峡谷。这次灾害造成 60 多人死亡，估计损失为 300 亿美元，是洛马普列塔地震损失的 5 倍。诺思里奇地震没有直接影响圣安德烈斯断层系的运动，而是沿着圣莫尼卡山脉的冲断层发生。它是圣安德烈斯断层南部几个小的隐伏断层（盲冲断层）之一，在那里该断层转向东面，基本平行于横断山脉。冲断层的节面倾向于地球表面，在它的作用下，断层的一盘向其另一盘的上方逆冲运动。沿着隐伏断层的运动通常不破坏地表，因此要在地图上画出这些隐藏的并且存在潜在危险的断层是很难的或者是不可能的。虽然一些科学家在横向山脊的几个地方发现可测量的上升迹象，但是他们没有发现 1994 年诺思里奇地震的任何确切证据。袭击该地区的类似地震发生在 1971 年和 1987 年，1971 年圣费尔南多地震引起很大的破坏，造成一个医院和数座高速立交桥倒塌。

并非所有的断层运动都是剧烈的并且具有破坏性。在加州中部霍利斯特市附近，卡拉维拉斯断层向圣安德烈斯断层延伸，其蠕动速度很慢，而且很稳，很少产生破坏。卡拉维拉斯断层的多数蠕动的平均速率为每年 5~6mm。霍利斯特每年平均发生 2 万次地震，多数地震太小而居民感觉不到。由于应力在不断释放，很少有一个地区在经受蠕动变化后再经历一次 6 级以上的地震，因此不会有应力积累。断层蠕动一般没有威胁，只是导致道路、围栏、便道、管道以及其他穿过断层的结构逐渐断错。然而，断层蠕动的存在确实产生维修方面的巨大损失。

板块内部地震——发生在板块内部的地震比起沿着板块边界发生的地震来说，频率要少得多，而且更难以解释。沿美国大西洋沿海地区的地震多数似乎与北美板块远离大洋中脊的向西运动有关，其连续过程起始于古陆桥的解体。然而地震不频繁的原因尚不清楚。

东海岸的一些地震，如 1886 年南加州查尔斯顿地震比西海岸地震的有感范围大得多。这是因为该州的东半部主要由较古老的岩石组成，这种岩石在地质时期没有被频繁的地震破坏。高度破裂或破碎的岩石比不破碎的岩石会吸收更多的地震能量。查尔斯顿地震估计震级为 7.0 级，有感范围远至其西北部 1300km 远的芝加哥，而洛马普列塔 7.1 级地震的有感范围在其南部大约 500km 处，没有超过洛杉矶地区。袭击美国的有感范围最大的地震是 1811 年和 1812 年发生在密苏里州新马德里城镇附近的地震。首都华盛顿感觉到的 3 次地震估计都在 8.0 级以上。我们大多数人不会将地震与纽约相联系，但是曼哈顿底部就是交错的断层网，其中一些断层可能会引起地震。发生在纽约市的最近一次地震是 1985 年的 4.0 级地震，1994 年 1 月在宾夕法尼亚雷丁发生一对地震，震级为 4.0 级和 4.5 级，曾经引起很小的破坏。

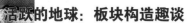
　　我们基本上了解大多数地震是怎样发生的，但是我们能预测出它们何时发生吗？这一问题已经向科学家提出挑战，并使他们在研究中强地震前兆中感到灰心。20 世纪 80 年代初期以来，地质和地震专家一直在研究位于旧金山和洛杉矶之间的帕克菲尔德小城附近的圣安德烈斯断块，探测可能会发生的物理和化学变化——地震之前地上和地下的变化（图 65）。美国地质调查局和州及地方机构在帕克菲尔德及其周围乡村布满了地震仪、蠕变仪、应力仪以及其他测量地面运动的仪器。

　　自 1881 年以来，帕克菲尔德断块每隔 22 年左右经历一次 6.0 级的地震。在最近的两次地震（1934 年和 1966 年）期间，断层的相同部位破裂，其破裂程度基本相同。1983 年，这一证据和地震活动的早期记录，使美国地质调查局预测帕克菲尔德地区有 95% 的可能在 1993 年之前发生 6.0 级地震[*]。但是这一预期的 6.0 级或更大的地震并没有发生。帕克菲尔德地区的实验还在继续，其初始目标没有改变：即发布短期预报；监测和分析地震之前、期间和之后的地球物理和地球化学效应；在科学家和应急管理官员以及公众之间对地震灾害开展有效的联系。

　　在科学家研究和辨别下次帕克菲尔德地震的可能的地震前兆的同时，他们也在关注这些相同的前兆是否可能沿着该断层的其他断块发生。对过去地震的研究以及帕克菲尔德实验的数据和经验已经被地质科学家用于估计整个圣安德烈斯断层系发生地震的概率。1988 年，美国地质调查局认为在圣安德烈斯断层上的 6 个断块上很有可能在今后的 30 年内（1988~2018 年）发生 6.5 级或更大的地震。1989 年的洛马普列塔地震发生在这 6 个断块之一上。美国地质调查局进行的帕克菲尔德地区实验和其他研究是国家减轻地震灾害项目的一部分，提高了官员和公众对加利福尼亚将来不可避免地发生地震的意识。所以，居民和国家、地方官员在制定预防下次大地震的计划中变得更加积极。

---

[*] 译者注：2004 年 9 月 28 日帕克菲尔德发生 6.0 级地震，比原预测时间晚了 11 年。

图 65　长时间曝光拍摄的电子激光照片。加州帕克菲尔德地区的地面运动观测系统正在运行，以跟踪沿圣安德烈斯断层的活动（见正文）[美国地质调查局 J. 纳卡塔（John Nakata）摄]

火山喷发

与地震一样，火山活动与板块构造过程关系密切。世界上大多数活火山位于正在消减的板块交汇边界附近，尤其在太平洋盆地周围。然而，更多的产生熔岩占地球熔岩四分之三的火山活动发生在看不见的海洋底部，大多数沿着太平洋扩张中心，如太平洋中脊和东太平洋海隆等地区发生。

消减带上的火山如圣海伦斯山（华盛顿州）和皮纳图博山(吕宋，菲律宾)叫做"复合锥状火山"，喷发时通常具有爆发力。因为其岩浆浓度大，所以火山气体不容易逸出，结果内部极大的压力使被堵住的气体迅猛上升，压力在剧烈的喷发中突然释放。这种爆发过程可以用这样的例子来比较，即把你的拇指放在碳酸饮料的瓶口上，猛烈摇动后迅速将拇指移开。摇动使气体与液体分开，形成气泡，增加了内部压力。拇指的快速移开使气体和液体在爆发的速度和力量下喷出。

1991年菲律宾板块西部边缘的两个火山喷发。6月15日，皮纳图博山喷出的火山灰进入到空气中，飘流达40km远，并产生巨大的岩屑流（也叫做火成碎屑流）和泥流，引起火山周围大范围的破坏（图66）。皮纳图博山距马尼拉90km，在1991年喷发之前休眠达600年之久，这次喷发是该世纪的最大喷发之一。同样也在1991年，位于日本长崎东部40km的九州岛上的云仙火山在沉睡了200年后醒来，在其山顶上堆起了一个新的熔岩穹丘。从6月开始，这个穹丘反复崩塌，产生具有破坏性的岩屑流，它们以高达每小时200km的速度顺着山坡急速落下。云仙火山是日本70多座活火山之一，它在1792年的喷发使15000多人丧生，也是该国有史以来最大的火山灾害。

图66　在克拉克空军基地（距火山东部约20km）见到的皮纳图博火山自1991年6月12日开始的一系列喷发，产生了18km高的喷发柱。三天后，最大的一次喷发产生的喷发柱上升到约40km的高空，穿透平流层［美国地质调查局 D.H. 哈洛（David H. Harlow）摄］

云仙火山喷发造成人员伤亡和巨大的地方损失，但是1991年6月的皮纳图博火山喷发的影响却是世界性的。由于这次火山喷发将大量的灰尘和气体送入平流层高空，形成巨大的火山云在世界上空飘流，使世界范围内的气温比平时偏冷，日出和日落的光辉被遮掩。火山云中的二氧化硫大约有2200万吨，它和水混合在一起形成雾状的硫酸，挡住一些阳光，从而使一些地区的温度降低0.5℃。像皮纳图博火山这样规模的喷发可能会影响天气达几年的时间。类似现象发生在1815年4月，印度尼西亚坦博拉火山猛烈喷发，这是有史以来最强大的火山喷发，坦博拉火山云使全球温度降低达3℃，甚至在喷发一年后北半球的大部分地区在夏季仍经历了较冷的天气，欧洲的部分地区和北美洲地区的1816年成为著名的"没有夏季的一年"。

除了可能影响气候之外，剧烈喷发形成的火山云还会对航空安全产生灾害。在过去的20年中，60多架飞机，多数是商用的喷气式客机在飞行中遭到火山灰的破坏，所有能源耗尽，被迫紧急着陆。幸运的是到目前为止还没有喷气式客机飞入火山灰中发生坠毁的事件（图67）。

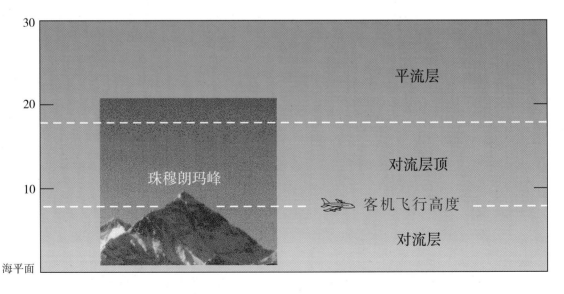

图67 图中显示的是大气层的两个较低层：对流层和平流层。对流层顶——对流层和平流层间的边界，高度约8~18km（白色虚线），随纬度和季节变化。图中给出珠穆朗玛峰山顶和一般客机飞行的高度，供参考 [美国地质调查局 D.G. 霍威尔（David G.Howell）摄]

　　自从公元 1600 年以来，近 30 万人死于火山喷发，多数是火成碎屑流和泥流造成的，它们是致命的灾害，通常伴随着消减带的火山喷发出现。火成碎屑流，也叫做 nuées ardentes（法语中"生长的云"），运动很快，像雪崩紧贴地面，是火山岩屑和火山灰以及气体组成的炽热混合物，可以以每小时超过 150km 的速度运动。加勒比海马提尼克岛上的珀莱山在 1902 年喷发期间产生的火成碎屑流使近 3 万人丧生。1982 年 3~4 月间，墨西哥东南部恰帕斯州的埃尔奇尚火山发生 3 次喷发，造成该国历史上最大的火山灾害。火山周围 8km 以内的村庄被火成碎屑流毁坏，2000 多人死亡。

　　泥流（也叫做泥石流或石流，印度尼西亚词汇）是火山岩屑和水的混合物。水通常有两个来源：降雨或被炽热的火山碎屑融化的雪和冰。根据水和火山物质的比率，泥石流可以是浓汤似的洪水，也可以是像水泥一样稠的泥流。由于泥流会顺着火山陡峭的山坡急速流下，它们具有长度和速度，所以一路会扫平或埋葬所有的东西。南美洲哥伦比亚的内华多德尔鲁兹火山喷发的热灰和火成碎屑流将 5390m 高的安第山顶上的雪和冰融化，随之而来的泥流掩埋了阿梅罗城市，夺去了 25000 人的生命（图 68）。

　　夏威夷和其他大多数板块内部的火山喷发与复合火山锥的喷发有很大不同。莫纳洛瓦和基拉韦厄这两个夏威夷岛上的火山是著名的盾形火山，因为它的宽度和圆形与古老的武士的盾相似。盾形火山很少喷发，主要是涌出大量的液态岩浆。夏威夷类型的火山喷发很少有生命威胁，因为岩浆前进速度很慢，足以使人们安全撤出。但是强大的岩浆流可以引起巨大的经济损失，它们会破坏财物和农田，例如始于 1983 年 1 月的基拉韦厄火山喷发毁坏了 200 座建筑物，埋没了数千米的高速公路，影响了当地居民的日常生活（图 69）。由于夏威夷火山频繁喷发，对人类的危害不大，因此为人们近距离研究火山提供了理想的自然实验室。美国地质调查局夏威夷基拉韦厄火山实验室，是 20 世纪初建立的世界一流的现代实验室。

　　有史以来，消减带（汇聚边界）的火山喷发已经对世界文明造成巨大灾害。科学家们估计每年地球上大约四分之三的火山喷发物质来自于正在

图 68　空中俯瞰的哥伦比亚阿梅罗城。1985 年 11 月该城被内华多德尔鲁兹火山喷发引起的泥石流毁坏。泥石流经过的地方一切都被摧毁，导致 25000 人丧生［美国地质调查局 D.G. 赫德（Darrell G. Herd）摄］

图 69　国立夏威夷火山公园的瓦哈奥拉游客中心是被基拉韦厄火山 1983 年至今喷发熔岩流破坏的 200 多座建筑之一 [美国地质调查局 J．D．格里格斯（J.D.Griggs）摄]

扩张的大洋中脊。然而，科学家没有观测到深部海底喷发的迹象，因为水的巨大厚度阻碍了简单的观测，几乎很少沿着全球大洋中脊的长度（50000km）对多次喷发场地进行详细的研究。然而最近通过对胡安德富卡山脊、俄勒冈和华盛顿海岸进行特殊场地的反复测量，绘制出了新的熔岩沉积图。这些沉积一定是两次测量之间的某个时候喷发出的。1993年6月探测到沿着胡安德富卡山脊出现的典型的与海底喷发相关的地震信号，人们称其为T相，被解释为由喷发活动产生。

冰岛的情况就不同了，在那里大洋中脊暴露在陆地上，可以很容易见到火山口裂缝非爆炸性的喷发，很像典型的夏威夷火山喷发；其他的火山，如赫克拉火山为爆炸性的喷发（1104年赫克拉火山灾难性的喷发之后，该火山在基督教界被认为是"地狱之门"）。1783年，冰岛拉卡吉加这个庞大的但多数为非爆炸性喷发的火山群喷发，造成世界上最严重的火山灾害。大约9000人——几乎是当时该国人口的20%，在火山喷发后死于饥饿，因为他们的牲畜吃了含氟的草而死去，这些草被长达8个月的火山喷发散发出的富含氟的气体污染。

海啸

沿着消减带发生的地震破坏性很大，因为它们会引起海啸，对沿海城市和星罗棋布于太平洋的岛屿形成潜在危险。海啸经常被错称为"潮汐波"，事实上它们与潮汐活动无关。海啸是由一些地震和海底滑坡以及偶尔的火山喷发引起的地震海波。在地震时，海底可以移动数米，大量的水突然流动，前后摇动达数小时，结果产生一系列波。这些波以超过每小时800km的速度迅速穿越海洋，这个速度可以与商用喷气式飞机的速度相比。这些穿越海洋的波的能量可以将海水从原地带走数千米，然后猛击远处的岛屿或海岸。

对于辽阔海洋中船上的人来说，海啸波通过时几乎不会感到水面上升。然而，当海啸到达海岸线附近的浅水地区并接触到海底的时候，海啸波会增高，堆积成巨大的水墙。当海啸到达岸边时，海岸附近的水往往后退几分钟（足以吸引人们去捡拾那些暴露在外的贝壳、鱼），然后突然以惊人的速度和高度冲回到海岸（图70）。

1883年，位于印度尼西亚苏门答腊和爪哇岛之间的巽他海峡的克拉卡托火山的喷发提供了因火山喷发引起海啸的很好实例。一系列的海啸冲走了爪哇、苏门答腊165个沿

图70　1946年海啸期间，夏威夷希洛的巨大海浪吞没了码头，159人丧生。箭头指向的那个人几秒钟之后被卷走（由国家海洋大气局和环境资料服务局提供）

海村庄，使36000人死亡 *。远在克拉卡托7000km的阿拉伯半岛的潮标记录到这次较大的海啸！

　　由于过去的一些海啸使夏威夷和其他地区数百人死亡（图71），1965年建立了国际海啸情报中心，根据来自太平洋盆地和夏威夷地区地震台和验潮站的地震和海波高度信息，该中心对外发布海啸警报。

---

* 译者注：2004年12月26日印度尼西亚苏门答腊9.1级地震海啸造成15万人死亡，是有史以来最大海啸惨案。

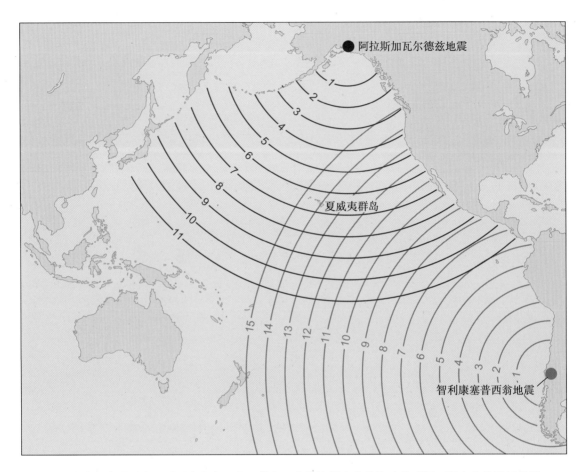

图71 夏威夷群岛特别容易受到发生在环太平洋火环内的地震产生的海啸的破坏。图中曲线显示的是1960年智利康塞普西翁地震（紫色线）和1964年耶稣受难日阿拉斯加瓦尔德兹（安克雷奇）地震（红色线）产生的海啸波的走时（单位为小时）。1960年海啸使61人丧生，破坏损失达2400万美元

自然资源

地球上许多能源、矿产和土地等自然资源集中在过去和现在的板块边界地区。这些有效资源的利用维持着过去和现在的人类文明。

肥沃的土地

很明显，火山会引起更大的损失和破坏，但是从长远看，它也给人们带来很多好处。千百万年来，火山岩石的物理崩溃和化学风化在地球上形成最肥沃的土地。在热带多雨的地方，如夏威夷岛迎风面（东北）地区，火山喷发之后肥沃土地的形成和茂盛植物的生长可达几百年。一些最早的文明地区（如希腊、伊特拉斯坎和罗马），位于地中海—爱琴海肥沃的火山土地之上。印度尼西亚盛产小麦的一些地区位于活火山的附近。与之类似，美国西部许多一流的农业区具有全部或大面积的火山成因的肥沃土地（图72~图73）。

图72　在印度尼西亚爪哇中部耕种水稻的农场主。背景隐约呈现的是松多罗火山。最优质的水稻生长地区具有年轻火山沉积形成的肥沃土壤（美国地质调查局 R.I. 蒂林摄）

图 73　白雪覆盖的由板块构造运动产生的 4392m 高的雷尼尔火山高耸于华盛顿奥廷（Orting）周围的乡村。该峡谷是人们生活、工作和娱乐的好地方，但是，它也是雷尼尔火山再次喷发产生破坏性泥石流的高度脆弱区。人们必须聪明地学会与活火山共存［美国地质调查局 D.E. 威普雷特（David E. Wieprecht）摄］

矿床

世界大多数埋藏的金属矿物如铜、金、银、铅、锌等都与消减带上方发现的死火山深处的岩浆有关。上升的岩浆不总是到达地表喷发出来，而是可能慢慢地冷却、变硬，埋在火山底部，形成大量的不同的结晶岩石（一般叫做深成岩或花岗岩）。加利福尼亚约塞米蒂国家公园陈列着这种深埋而后来被侵蚀暴露出来的大量花岗岩岩样（图 74）。

矿床一般在岩浆体周围形成，由于存在储备的热源，这些岩浆向火山提供热量，使矿脉流体流动循环。金属最初微量地分散在岩浆中或在固体岩石周围，后来由于热的流体循环而集中，并且可以再次沉积，在适合的温度和压力条件下形成丰富的矿脉。

　　沿着扩张的大洋中脊的活火山口为流体中丰富的矿物循环和矿床形成创造了理想的环境。高达 380℃ 的水从扩张中心的地热温泉中喷出。水在循环期间一直被形成中脊的热的火山岩加热。含有大量黑色矿物，如铁、铜、锌、镍以及其他金属的海洋深处的温泉叫做"黑色烟囱"。偶尔，这种海洋深处的矿床后来暴露在古老的海洋地壳的残余物中，这种海洋地壳在过去的消减过程中被残留在大陆地壳顶部。塞浦路斯岛上的特罗多斯山可能是众所周知的这种古老的海洋地壳。在古代，塞浦路斯是铜的重要资源地区，罗马人将铜叫做"塞浦路斯金属"，铜的拉丁文是 Cyprium。

矿产燃料

　　石油和天然气是地质盆地中积累的有机矿物深部埋藏和分解作用的产物。这些地质盆地位于由板块构造过程而形成的山脊的侧面。深处的热和压力将分解的有机物运到小的气囊和液化石油之中，然后通过孔隙和周围岩石中较大的孔网迁移并集中在储集层中，一般在地表的 5km 深处。

　　煤也是积累、分解植物屑的产物。它们后来被埋藏并被沉积盖层压实。大多数煤起源于古老的沼泽地中的泥炭，这些沼泽产生于数百万年以前。沼泽的形成与板块构造和其他地质过程相关的海平面变化引起的地块排水和洪涝作用有关。例如阿巴拉契亚山脉煤矿大约在 3 亿年前的低洼盆地中形成，这些盆地交替出现洪水和排水。

图74　正如从约塞米蒂国家公园冰川地点所见到的那样，穹丘上升 1km 之多。组成半圆顶山的花岗岩和其他特殊的公园地形说明未喷发的岩浆后来由于侵蚀和冰蚀而裸露［美国地质调查局 C.A. 霍奇斯（Carroll Ann Hodges）摄］

地热能

来自活火山或者比较年轻的仍散发热量的非活火山的地球自然地热能可以被人们利用。高温地热流的水蒸气可以用于驱动气轮机并产生电力；较低温度的流体可以为供热提供热水，为温室和工业提供热能，为度假胜地提供温泉等。例如，地热为冰岛 70% 的家庭提供热能。北加利福尼亚的吉瑟斯地区的地热发电站生产足够的电，来满足旧金山的电力需求（图 75）。除了作为一种能源之外，有些地下热水还含有硫、金、银以及汞等，它们能够被提炼，作为热能利用的副产品。

严峻的挑战

随着全球人口的增长和更多的国家成为工业国，矿产和能源的世界需求将继续增长。因为人们利用自然资源已达千年，大多数容易探测出的矿产、燃料和地热资源已经被开发利用。由于需要，世界的焦点已转向更遥远的、更难到达的地区，如海底、极地和地壳深处的资源。未来几十年中，如何在不破坏环境的前提下探测和开发这些资源，将向人们提出严峻的挑战。面对这一挑战，板块构造与自然资源之间的知识关联还有待更深入的探究。

板块构造理论的深远意义让我们认识到行星地球在太阳系中的独特地位。板块构造理论的正确评价及其结果增强了人们对地球的认识，即地球是一个综合的整体，但是不是随机组合的整体。为了更好地理解这一创新的概念，全球努力促进了地球科学团体的联合，强调了不同学科之间的联系。当我们迈入 21 世纪，当地球有限的资源被爆炸般增长的人口进一步使用时，地学科学家必须努力奋斗，更好地了解我们的动态星球。在应对地震和火山喷发的短期负面影响的同时，必须学会更机智地利用板块构造理论赋予我们的知识和智慧。

图 75 加利福尼亚北部圣罗莎附近吉瑟斯地区的地热发电站。吉瑟斯地区是世界上最大的地热开发区［美国地质调查局 J.D. 诺兰（Julie Donnelly–Nolan）摄］

推荐书目（延伸阅读）

以下列出的书目提供了本书没有提到的或只简单讨论的其他信息。

Attenborough, David, 1986, The Living Planet: British Broadcasting Corporation, 320p. (An informative, narrative version of the highly successful television series about how the Earth works.)

Coch, N.K., and Ludman, Allan, 1991, Physical Geology: Macmillan Publishing Company, New York, 678 p. (Well–illustrated college textbook that contains excellent chapters on topics related to Earth dynamics and plate tectonics.)

Cone, Joseph, 1991, Fire Under the Sea: William Morrow and Company, Inc., New York, 285 p. (paperback). (A readable summary of oceanographic exploration and the discovery of volcanic hot springs on the ocean floor.)

Decker, Robert, and Decker, Barbarla, 1989, Volcanoes: W.H. Freeman and Company, New York, 285 p. (paperback). (An excellent introduction to the study of volcanoes written in an easy–to–read style.)

Duffield, W.A., Sass, J.H., and Sorey, M.L., 1994, Tapping the Earth's Natural Heat: U.S. Geological Survey Circular 1125, 63 p. (A full-color book that describes, in non-technical terms, USGS studies of geothermal resources—one of the benefits of plate tectonics—as a sustainable and relatively nonpolluting energy source.)

Ernst, W. G., 1990, The Dynamic Planet: Columbia University Press, New York, 280p. (A comprehensive college-level textbook that includes good chapters on plate tectonics and related topics.)

Heliker, Christina, 1990, Volcanic and seismic hazards of the Island of Hawaii: U.S. Geological Survey general-interest publication, 48 p. (A fullcolor booklet summarizing the volcanic, seismic, and tsunami hazards.)

Krafft, Maurice, 1993, Volcanoes: Fire from the Earth: Harry N. Abrams, New York, 207 p. (paperback). (A well-illustrated, non-technical primer on volcanoes; Maurice Krafft and his wife Katia were the world's foremost photographers of volcanoes before they were killed during the June 1991 eruption of Unzen Volcano, Japan.)

Lindh, A.G., 1990, Earthquake prediction comes of age: Technology Review, Feb/March. p.42-51. (A good introduction to the basis and techniques used by scientists in attempting to predict earthquakes.)

McNutt, Steve, 1990, Loma Prieta earthquake, October 17, 1989: An overview: California Geology, v. 43, no. 1, p. 3-7. (Along with the companion article by D.D. Montgomery, gives the essential information about this destructive earthquake along the San Andreas Fault.)

McPhee, John, 1993, Assembling California: Farrar, Straus, & Giroux, New York, 303 p. (A fascinating account of the role of plate tectonics in the geology of California, told in the typical McPhee style of conversations with scientists.)

Montgomery, D.D., 1990, Effects of the Loma Prieta earthquake, October 17, 1989: California Geology, v.43, no. 1, p.8–13. (Along with the companion article by Steve McNutt, gives the essential information about this destructive earthquake along the San Andreas Fault.)

Ritchie, David, 1981, The Ring of Fire: New American Library, New York, 204 p. (paperback). (A popularized account of earthquake, volcanoes, and tsunamis that frequently strike the circum–Pacific regions.)

Schulz, S.S., and Wallace, R.E., 1989, The San Andreas Fault: U.S. Geological Survey general–interest publication. 16 p. (This little booklet provides the basic information about the San Andreas Fault zone, including a good discussion of earthquakes that occur frequently along it.)

Simkin, Tom, Unger, J.D., Tilling, R.I., Vogt, P.R., and Spall, Henry, compilers, 1994, This Dynamic Planet: World map of volcanoes, earthquakes, impact craters and plate tectonics: 1 sheet, U.S. Geological Survey (USGS). (In addition to the map's visually obvious physiographic features that relate to plate tectonics, the explanatory text gives a concise summary of how plate tectonics work.)

Sullivan, Water, 1991, Continents in Motion: McGraw–Hill Book Co., New York. 430 p. (A comprehensive review of the developments that culminated in the plate tectonics theory. Science Editor of the New York Times, Sullivan is widely regarded as the "dean" of America's science writers.)

Tarbuck, Edward, and Lutens, Frederick, 1985, Earth Science: Charles E. Merrill

Publishing Co., Columbus, Ohio, 561 p. (A college-level geology textbook that contains good chapters on plate tectonics and related topics.)

Tilling, R.I., 1991, Born of fire: Volcanoes and igneous rocks: Enslow Publishers, Inc., Hillside, New Jersey, 64 p. (An introductory text about the kinds of volcanoes and their products and hazardous impacts—aimed at approximately junior high-to high-school level.)

Tilling, R.I., Heliker, C., and Wright, T.L., 1987, Eruptions of Hawaiian Volcanoes: Past, present, and future: U.S. Geological Survey general-interest publication, 54 p. (A nontechnical summary, illustrated by many color photographs, of the abundant data on Hawaiian volcanism; similar in format to this book.)

Tilling, R.I., Topinka, Lyn, and Swanson, D.A., 1990, Eruptions of Mount St. Helens: Past, present, and future: U.S. Geological Survey general-interest publication 56 p. (A nontechnical summary, illustrated by many color photographs and diagrams, of the abundant scientific data available for the volcano, with emphasis on the catastrophic eruption of 18 May 1980, similar in format to this book.)

Time-Life Books Inc., 1982, Volcano: 1983, Continents in Collision, in Planet Earth Series: Alexandria, Virginia, Time-Life Books, 176 p. each. (Informative and general surveys of volcanism and plate tectonics.)

Wright, T.L., and Pierson, T.C., 1992, Living with volcanoes: U.S. Geological Survey Circular 1073, 57 p. (A non-technical summary of the USGS' Volcano Hazards Program, highlighting the scientific studies used in forecasting eruptions and assessing volcanic hazards, in the United States and abroad.)

本书是美国地质调查局为了提供有关地球科学、自然资源以及环境科学信息而出版的系列趣味读物之一。若要获得其他系列读物请写信至下列地址：

U.S. Geological survey

Branch of information Services

P.O. Box 25286

Denver, CO 80225